獸腳類恐龍尺寸排行榜

最大型肉食性恐龍 TOP3。

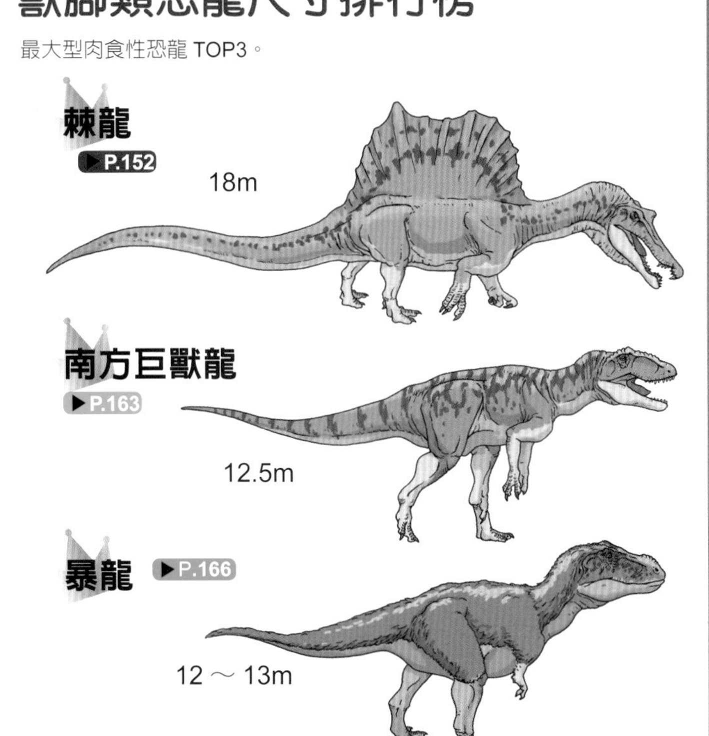

MOVE大調查！

恐龍
新奇排行榜！

恐龍們由小型生物，
逐漸巨大化。
在此介紹
TOP 3的大型恐龍。
這些恐龍的相關詳細內容，
請參閱本書內頁！

日本當地發現的最大型恐龍

目前日本發現的新種恐龍，總共有八種。

10m

福井龍
▶P.83
4.7m

福井盜龍
▶P.176
4.2m

最早被發…TOP3

在此介紹最早被發表出…
最早於學會發表的恐龍，
大約是在近 200 年前。

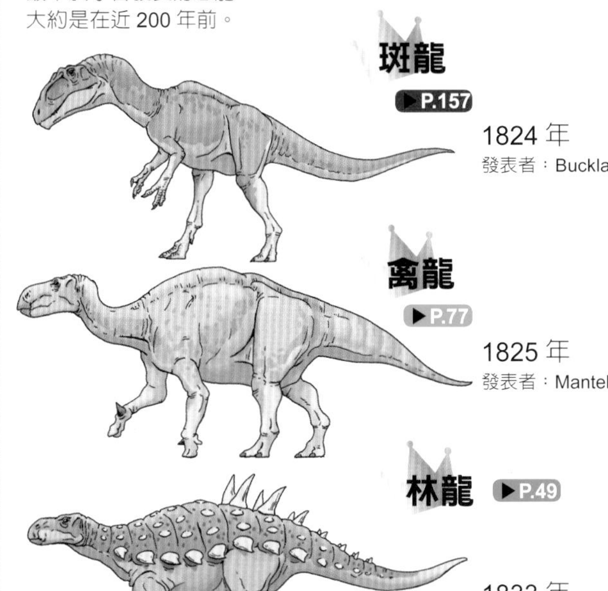

恐龍百科圖鑑

講談社の動く図鑑MOVE 恐竜

小林快次 **監修**
張萍 **譯**

晨星出版

講談社的動圖鑑

恐龍 目次

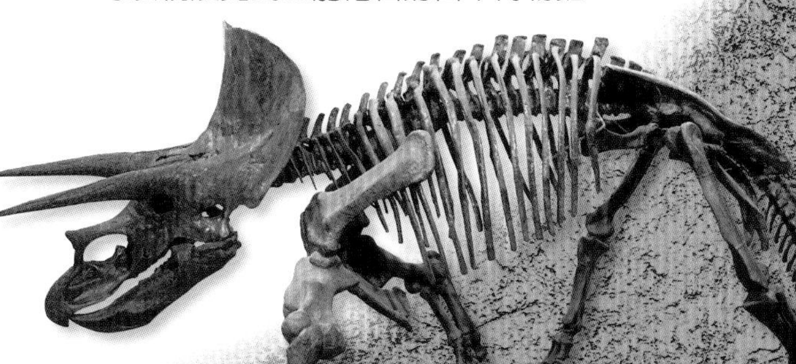

本書的使用方法

講談社的動圖鑑 MOVE《恐龍》一書，主要是以活躍於中生代，也就是 2 億 5217 萬年前至 6600 萬年前的動物——恐龍為主角進行解說。在恐龍研究的領域中，目前仍持續有新發現，每年會發表出四十～五十種的新恐龍。本圖鑑收集了最新的研究結果，並會介紹三百六十種左右的中生代恐龍。

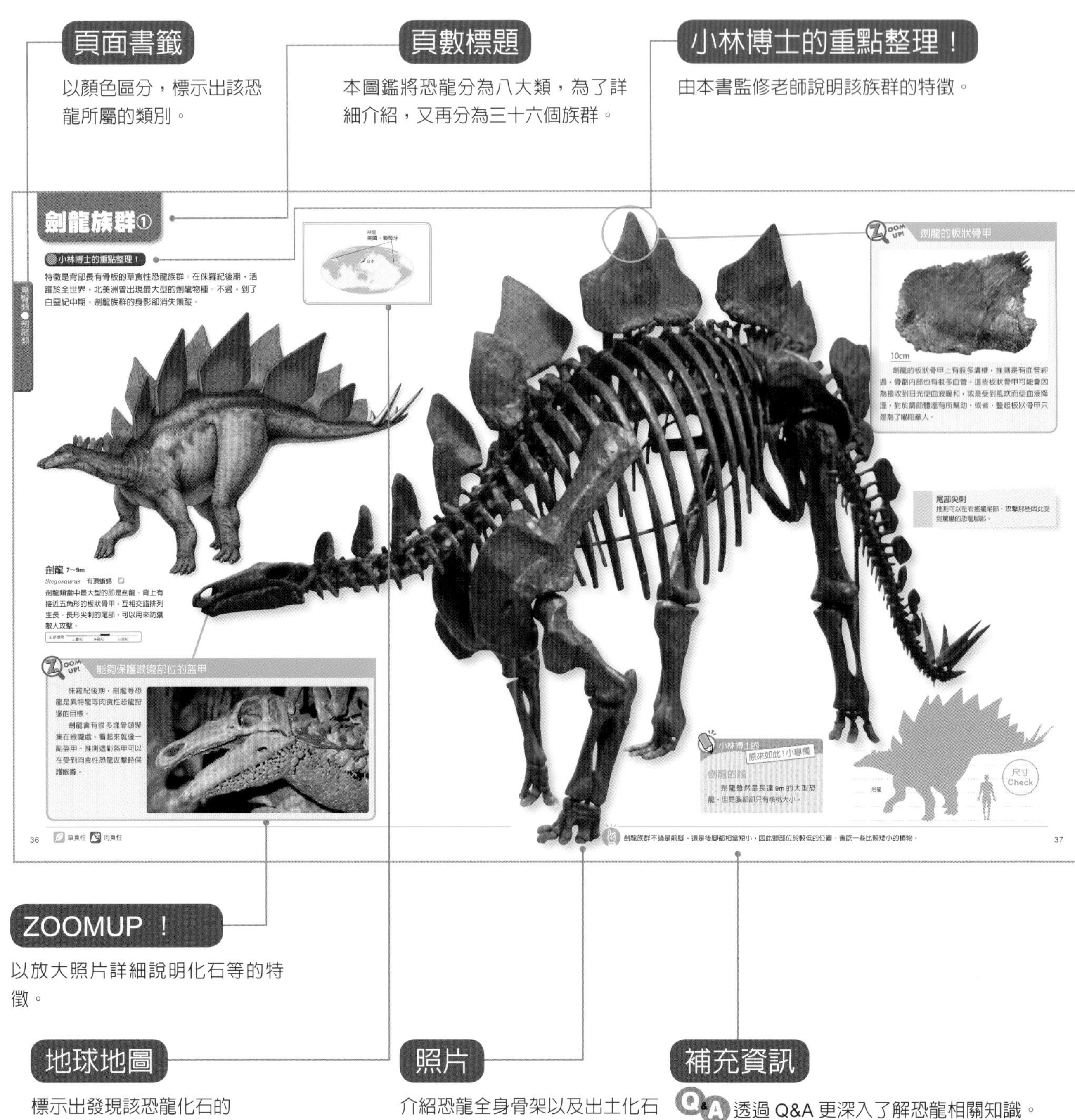

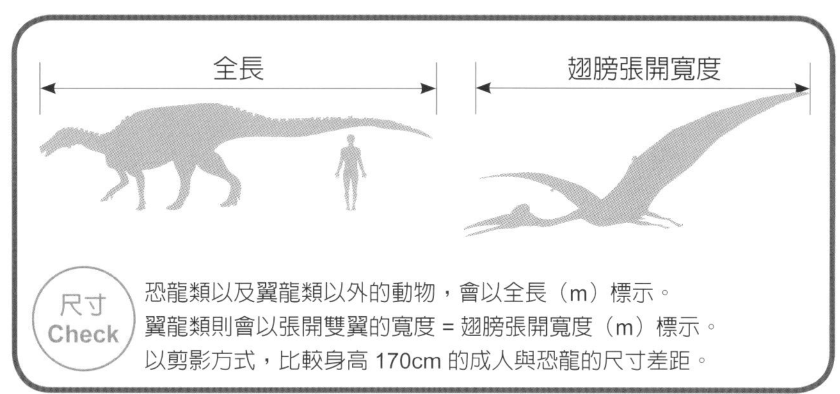

尺寸 Check

恐龍類以及翼龍類以外的動物，會以全長（m）標示。
翼龍類則會以張開雙翼的寬度 = 翅膀張開寬度（m）標示。
以剪影方式，比較身高 170cm 的成人與恐龍的尺寸差距。

專欄

清楚易懂的「小林博士的原來如此！小專欄」解說恐龍相關資訊。
此外，也有跨頁的特輯專欄，以及由全世界恐龍研究學者所發表的記事等，可以深入了解恐龍相關知識。

棘龍族群①

蜥臀類●獸腳類

小林博士的重點整理！

棘龍族群的特徵是擁有大型鉤爪、長而有力的前腳以及長形的齒顎。棘龍與激龍等的背部還有一片大骨帆。是比暴龍體型更大、最大型的肉食性恐龍。

上顎前端有很多小孔洞，似乎能夠藉此感測水壓變化、補捉魚類。

棘龍 18m
Spinosaurus 有刺的蜥蜴
原先被誤認為是鱷魚的頭骨，齒顎上排列著圓錐狀的牙齒。背部骨頭隆起，上面覆蓋著一層皮膚。骨帆高度約 1.7m 左右，相當醒目。推測具有調節體溫或是求愛等作用。

小林博士的原來如此！小專欄

吃魚的恐龍

推測棘龍族群會將細長的齒顎放入水中抓魚。尖銳的牙齒可以緊抓著獵物不放。事實上，就曾經在重爪龍化石的腹部中發現魚類以及禽龍的幼龍骨骸。所以認為棘龍族群可以在陸地，也可以在水中捕捉獵物。

重爪龍 8m
Baryonyx 沉重的鉤爪
頭部很像鱷魚，上下齒顎有九十六顆圓錐狀的長形牙齒。前腳拇趾有很大的鉤爪。是目前唯一可以確認其生活在水邊、會吃魚的恐龍。

棘龍的全身骨骼

最近的研究在探討棘龍的身體是否比起過去我們所認知的更能夠適應水中生活。據此，有人認為其後腳或許會有蹼。此外，尾部柔軟，或許可以像魚鰭一樣動作、游泳。

激龍 8m
Irritator 焦急者
在南美洲發現、唯一的棘龍族群，僅發現其頭骨。可以看到頭部上方有小小的突起物。也曾發現殘留在激龍牙齒上的翼龍脊椎骨。

只能在河川、湖泊、沼澤等附近找到棘龍族群。此外，在其化石附近也曾找到很多魚類化石。

152 草食性 肉食性 　　153

恐龍解說的瀏覽方式

●插圖

根據最新研究繪製的插圖，藉此展現恐龍的姿態。

●恐龍名稱

標示所「屬」的名稱。名稱下方標示學名，以及名稱意義。

●檔案

藉由草食性 肉食性 的小圖示，標示出該種恐龍的飲食特性。

●時間軸

標示出該種恐龍生存的期間。

歡迎來到恐龍

距今 **2** 億 **3000** 萬年前，最古老的恐龍們現身。當時的恐龍只是會用兩隻腳快速奔跑的小型生物。不久之後，恐龍們的體型逐漸變得巨大，不論肉食性恐龍或是草食性恐龍，各種類型的恐龍紛紛現身。陸地成為恐龍們興盛活躍的世界，恐龍時代持續了 **1** 億 **6000** 萬年以上的漫長時間。那麼，接下來就一起去恐龍們的世界探險吧！

時代！

生命的歷程

地球約在 46 億年前誕生。恐龍大約在 2 億 3000 萬年前現蹤。讓我們來一窺從這段期間起始的生命與演化故事。

生命誕生時的地球

約 35 億年前，海中出現了像細菌般的單純生命。

寒武紀時代的海洋

進入寒武紀後，海洋中突然擠滿生物，大部分的生物種類都已出現。這個爆炸性的進化，稱作「寒武紀大爆發」。
奇蝦是在寒武紀中最大型的兇猛肉食性動物。

四足動物登場

真掌鰭魚是能在陸地上行走的魚類代表。泥盆紀時兩棲類的祖先——魚石螈現蹤。擁有強健的肋骨與背骨，是初次可在陸上步行的脊椎動物。

地球誕生
46 億年前

前寒武紀
生命誕生

5 億 4100 萬年前開始
寒武紀的海洋
寒武紀大爆發
（各式各樣的生命誕生）

奇蝦
寒武紀中最大的生物，已發現最大 1m 的化石。

歐巴賓海蠍
擁有五顆眼珠，頭部前方會伸出類似水管的部位捕捉食物。

5 億年前

4 億 8540 萬年前
奧陶紀
出現沒有下巴的魚

始海百合
花瓣般的部位是觸手。

內角石
烏賊、章魚等的祖先。

3 億 5890 萬年前開始
石炭紀
爬蟲類出現

魚石螈
後腳有七根趾頭。

3 億年前

林蜥
第一種可以在陸地上產卵的生物。

2 億 9890 萬年前開始
二疊紀
哺乳類型
爬蟲類出現

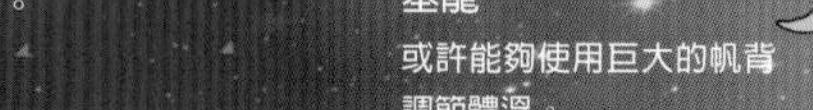

基龍
或許能夠使用巨大的帆背調節體溫。

雙齒獸
據說是最早會開始養育下一代，與家人一起生活的動物。

2 億 5217 萬年開始
三疊紀
恐龍及哺乳類出現

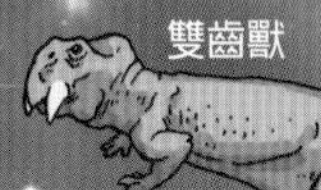

始盜龍
最原始的恐龍之一。後腳能輕快地奔跑。

板龍
草食性的恐龍。有四隻腳，偶爾會使用兩隻腳步行。

始帶齒獸
最原始的哺乳類之一。已經呈現出鼠科動物的模樣。

2 億 130 萬年前開始
侏羅紀
恐龍支配地球
最原始的鳥類現身

2 億年前

梁龍
長長的尾部會像鞭子一樣甩，可以藉此摺倒肉食性恐龍。

始祖鳥

侏羅紀時出現了被視為最原始鳥類的始祖鳥。

魚龍

擁有最適合在海裡生活體格的爬蟲類，樣貌類似海豚。

1 億 4500 萬年前開始
白堊紀
恐龍活躍與滅絕

亞蘭達甲魚

一種相當原始、沒有下巴的魚種。沒有鰭，無法游得很好。

無齒翼龍

尾短，頭大，是新種的翼龍。

1 億年前

4 億 4380 萬年前
志留紀
出現最早的陸地生物及昆蟲

薄板龍

住在海裡的爬蟲類。會利用長長的頸部捕捉烏賊或魚類食用。

真掌鰭魚

與中華鱟不同的節肢動物。

暴龍

恐龍時代最後現身、最大的肉食性恐龍。

鏡眼蟲

在古代海洋內最活躍的三葉蟲族群。

6600 萬年前開始
第三紀
（古近紀和新近紀）
哺乳類活躍

4 億 1920 萬年前
泥盆紀
兩棲類出現

巨角犀

長得很像犀牛的大型哺乳類。鼻子前頭有 Y 字型的角。

4 億年前

258 萬年前開始
第四紀
人類出現

斯劍虎（劍齒虎）

擁有長且發達的獠牙，會狩獵猛瑪象（長毛象）等大型動物。

板足鱟

可以用肺部呼吸。

人類

具有使用道具、生火等生存能力。

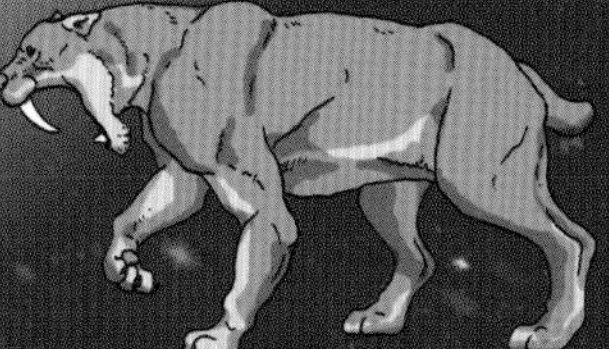

▲林蜥

爬蟲類誕生

爬蟲類誕生於石炭紀。林蜥是最早出現的蟲類之一，棲息於陸地，攝食魚或昆蟲。爬蟲類的卵擁有堅硬的外殼，以預防卵乾燥脫水。藉此有機會在陸地繁衍。

▲異齒龍

爬蟲類的時代

爬蟲類的種類增加，進入二疊紀後，開始蓬勃生長。該時代出現了異齒龍等哺乳類的祖先——哺乳類型爬蟲類。異齒龍背部有帆，據說可以用來調節體溫。

▲艾克薩瑞齒獸

哺乳類的誕生

三疊紀中葉，從哺乳類型爬蟲類到出現為了保暖而使身體長出毛髮的犬齒獸亞目。據說犬齒獸亞目的艾克薩瑞齒獸已經會照顧孩子。犬齒獸亞目後誕生了哺乳類。

恐龍的誕生

大約在 **2 億 3000** 萬年前，哺乳類現身時，恐龍也跟著登場了。最初的恐龍是二足步行的小型蟲類，在輕巧的身體下與往下延伸的腳，與其他動物比較起來能夠快速移動與奔跑。

2億5217萬年前 2億130萬年前
三疊紀 侏羅紀 白堊紀

三疊紀

恐龍誕生的時期

三疊紀的地球，整體氣候炎熱乾燥，因此耐得住乾燥的爬蟲類最為活躍。三疊紀中期到後期，始盜龍（→ P.106）以及艾雷拉龍（→ P.138）等最原始的恐龍誕生了。這時期的恐龍體型還很小。牠們的存在是為了躲避大型的鱷魚祖先。哺乳類的祖先也同樣在這個時期誕生。

陸地相連的大陸

目前分開的各大陸陸地，在三疊紀時期是相連的，只有一個盤古大陸。三疊紀後期，盤古大陸一分為二，出現了古地中海。

原始大洋

艾雷拉龍

可以用二足快速行走。擁有鋸齒狀的牙齒，推測應是肉食性。

翼龍登場！

棲息於海洋中的爬蟲類族群登場！

三疊紀的爬蟲類

爬蟲類在三疊紀的世界裡相當活躍。不僅是在陸地，海洋、天空也是爬蟲類的世界。

蓓天翼龍

翅膀張開寬度約 60cm 的小型翼龍，曾在義大利發現其化石。似乎會食用昆蟲或魚類。

幻龍

腳上沒有鰭，像陸生動物一樣，擁有清楚的手指。手指之間有蹼，可以撥水。

三疊紀的兩棲類

這時期有很多巨大的兩棲類生物，長得如鱷魚般的生物會在水邊襲擊獵物。

寬頷螈

3m 的巨大兩棲類，頭大，可達身體的三分之一。嘴部很大，可以吞食小動物。

板龍（→ P.109）

三疊紀後期的草食性恐龍，體型約可達 10m。在三疊紀當中，算是大型的恐龍。

乾燥的大地

三疊紀的氣候整體炎熱乾燥。推測當時北極和南極還沒有冰床。大陸面海的周邊雖然有針葉樹森林，但是進入內陸就是廣大的乾燥以及沙漠地帶。生物通常會住在涼爽、潮溼的周邊地區。

三疊紀的哺乳類

三疊紀時，最原始的哺乳類也出現了。尺寸和老鼠差不多。

隱王獸

目前所發現最原始的哺乳類。名稱帶有「隱藏之王」的意思。夜行性動物，會吃昆蟲等生物。

這裡有最古老的恐龍出沒！
「月亮谷」
這是目前位於阿根廷「月亮谷」在三疊紀時期的樣貌。「月亮谷」的地層中發現了迄今最古老的恐龍化石。當時雖然整體氣候乾燥，但是在針葉樹的森林中，還是有溼地存在。
「月亮谷」的水邊有最大型的草食性動物、原始的哺乳類──伊斯基瓜拉斯托獸族群存在。兩棲類的原蝦蟆螈屍體旁則有始盜龍（→ P.106）及艾雷拉龍（→ P.138）在爭食獵物。這個時期的恐龍體型尚未變大，是為了方便從巨大的爬蟲類手下逃脫。
艾雷拉龍
原蝦蟆螈
原始的兩棲類祖先族群。
艾克薩瑞齒獸
原始的哺乳類祖先族群。

富倫格里龍（→ P.139）
有 6m 長，在該時期是「月亮谷」的
大型肉食性恐龍。
皮薩諾龍（→ P.29）
在「月亮谷」發現的
小型草食性恐龍。
伊斯基瓜拉斯托獸
原始的哺乳類祖先族群。
始盜龍

2億130萬年前 1億4500萬年前
三疊紀 侏羅紀 白堊紀

侏羅紀

恐龍的大型化時期

侏羅紀是非常穩定的熱帶氣候時期，裸子植物等的森林範圍廣大。在豐富的食物環繞下，梁龍（→ P.118）、迷惑龍（→ P.119）等以攝取植物為食的恐龍體型變得巨大，為了因應這種情形，異特龍（→ P.158）等肉食性恐龍的體型也開始變大。侏羅紀後期也出現了始祖鳥等原始的鳥類。

兩個大陸

從三疊紀開始，盤古大陸就持續分裂直到侏羅紀時期，侏羅紀前期可大致區分為北邊的勞亞大陸，以及南邊的岡瓦納大陸。

泛大洋

岡瓦納大陸

圓頂龍（→ P.127）

尺寸可達 18m。是巨大的蜥腳類目草食性動物。

侏羅紀的爬蟲類

陸地上的大型爬蟲類雖然滅絕，但是空中的翼龍、海中的魚龍卻相當活躍。

翼龍進化！

翼手龍

侏羅紀後期出現翼手龍等進化成大型、幾乎沒有尾部的翼龍族群。

魚龍相當活躍！

泰曼魚龍

魚龍在侏羅紀相當活躍。泰曼魚龍身長 10m，嘴裡長著有如肉食性恐龍般鋸齒狀的利牙。

大椎龍（→ P.111）
懂得養育後代。
最古老的鳥類
侏羅紀時，始祖鳥等鳥類
開始出現在天空。
曙光鳥
在比始祖鳥更古老的地層中
被發現，所以也有一說認為
曙光鳥應該才是最古老的鳥
類，但是尚未被確認。
最古老的
鳥類登場！
勞亞大陸
地中海
熱帶氣候
侏羅紀的整體氣候比現代更溫暖，
南極與北極並沒有結冰。因為海洋
面積比較大的關係，熱帶氣候穩
定，也較常下雨。裸子植物的森林
擴大到內陸，草食性恐龍身邊環繞
著豐富的食物。
侏羅紀的哺乳類
中華侏羅獸
就目前所知，是擁有胎盤、能夠
產下胎兒、最古老的哺乳類。
開始能夠
產下胎兒。

恐龍樂園
「準噶爾盆地」

發現許多恐龍化石的中國準噶爾盆地，可以說是侏羅紀時期的恐龍樂園。遙遠聳立的阿爾泰山脈流下豐沛水源，盆地中央曾有個準噶爾湖。南洋杉等的森林及溼地也不斷擴大。擁有長頸的巨大草食性恐龍——馬門溪龍（→ P.116）群體漫步在湖畔，原始的暴龍族群——帝龍（→ P.174）正追逐著原始的角龍——隱龍（→ P.56）。

隱龍

朝陽龍（→ P.57）
原始的角龍，
尾部可能有毛髮生長。

馬門溪龍
五彩冠龍
中華盜龍（→ P.162）
準噶爾盆地的中型肉食性
恐龍，歸類於暴龍族群。

1億4500萬年前 6600萬年前
三疊紀 侏羅紀 白堊紀

白堊紀

恐龍繁榮興盛的時期

白堊紀的恐龍越來越多樣化，各式各樣的恐龍支配著陸地。勞亞大陸及岡瓦納大陸又分裂成好幾塊大陸地，恐龍們分別在各個大陸地中演化出許多種類的恐龍。

草食性恐龍方面，禽龍（→ **P.77**）以及鴨嘴龍（→ **P.84**）族群相當興盛，然而會狩獵這些恐龍的肉食性恐龍，像是蛇髮女怪龍（→ **P.172**）或是暴龍（→ **P.167**）也跟著粉墨登場。白堊紀時期的天空已經由大量繁衍的鳥類取代翼龍。到了白堊紀的尾聲，恐龍們大量滅絕。

我們熟悉的大陸

白堊紀時期，大陸仍持續分裂，變成好幾塊大陸。美洲大陸分裂為西側的拉臘米迪亞古陸以及東側的阿帕拉契古陸。

拉臘米迪亞古陸

南美洲大陸

禽龍

滄龍

魚龍滅絕後，取代而代之的是滄龍族群。牠們主要喜歡棲息在淺海。據說最大尺寸可達 18m。

白堊紀的爬蟲類

海洋中的海龍族群滅絕，出現了海生蜥蜴、滄龍等族群。空中的翼龍也被取代，開始可以看見許多鳥類。

殘存的翼龍

無齒翼龍

無齒翼龍以及風神翼龍等大型翼龍依然殘存，但是已由許多鳥類取代翼龍飛翔在白堊紀的天空。

白堊紀的兩棲類

魔鬼蛙

在馬達加斯加島上發現了史上最大的蛙，尺寸可達 40cm。

花開了

白堊紀的氣候仍持續溫暖，隨著大陸分裂，部分地區開始有寒冬與暖春等四季的氣候變化。其中，出現了會開花的被子植物物種。花粉及種子能夠藉由恐龍或是昆蟲搬運到他處的被子植物，逐漸擴大了生長勢力範圍。

白堊紀的鳥類

白堊紀時期，出現了反鳥（→ P.210）等各式各樣的鳥類。也有許多會吃魚的鳥類。

魚鳥

喙部有牙齒、翼上有指頭等，仍留有一些原始的特徵。會吃魚。

歐洲的恐龍們

這是白堊紀前期的西班牙——「拉斯奧亞斯（Las Hoyas）」地區的模樣。有湖、有廣大的溼地，包含魚類在內，相當豐富多元的生物都在此棲息。活躍於白堊紀時期的草食性恐龍——禽龍族群可以步行到遠處。或許也剛好成為背部帶有帆骨的異特龍類——駝背龍（→ P.161）瞄準的獵物。只有腳程較快的恐龍——似鵜鶘龍（→ P.186）才能夠從溼地中逃脫。

禽龍
駝背龍

恐龍究竟是什麼？

恐龍存在於迄今 2 億 3000 萬年前的三疊紀後期，是從爬蟲類演化、誕生而來。到 6600 萬年前白堊紀後期滅絕為止，大約 1 億 6000 萬年的期間，出現了各式各樣的恐龍族群。我們可以大致將恐龍族群區分為鳥臀類與蜥臀類。

●鳥臀類與蜥臀類

依恐龍骨盆形狀的差異，可區分為鳥臀類與蜥臀類等兩大類。

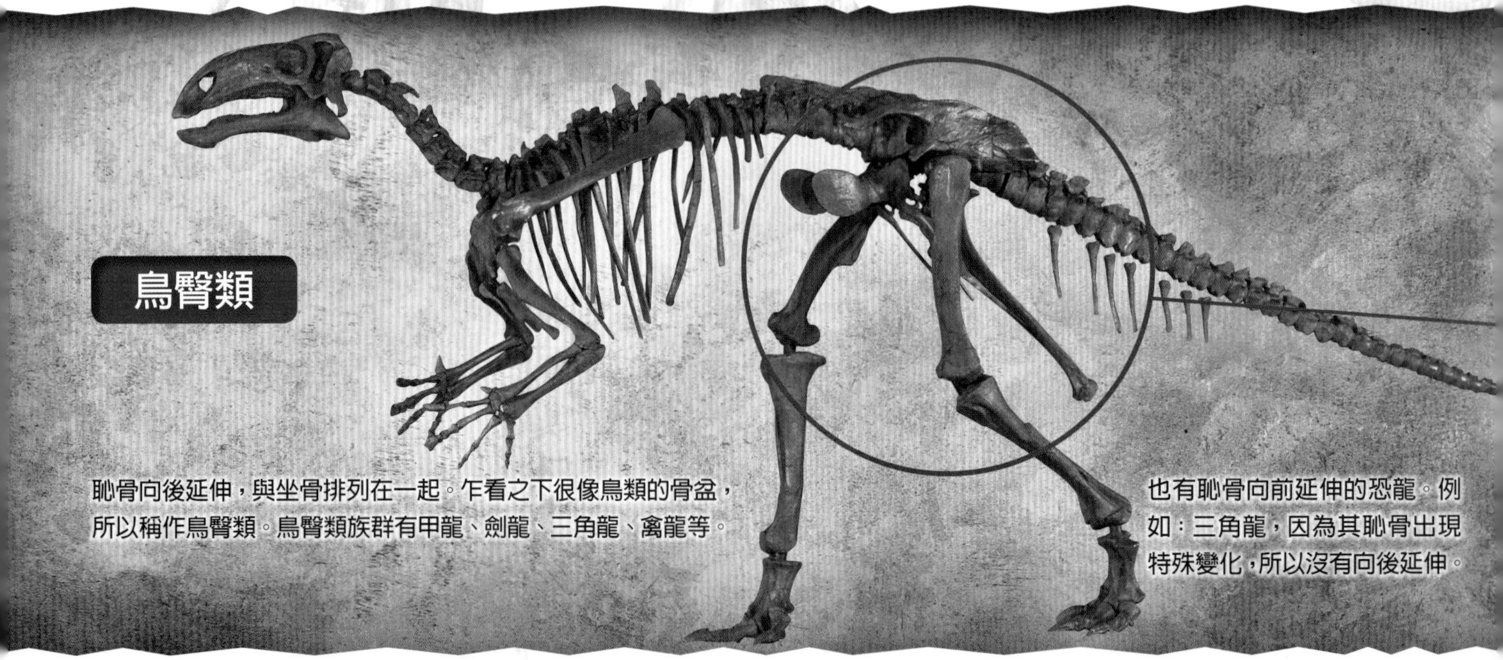

鳥臀類

恥骨向後延伸，與坐骨排列在一起。乍看之下很像鳥類的骨盆，所以稱作鳥臀類。鳥臀類族群有甲龍、劍龍、三角龍、禽龍等。

也有恥骨向前延伸的恐龍。例如：三角龍，因為其恥骨出現特殊變化，所以沒有向後延伸。

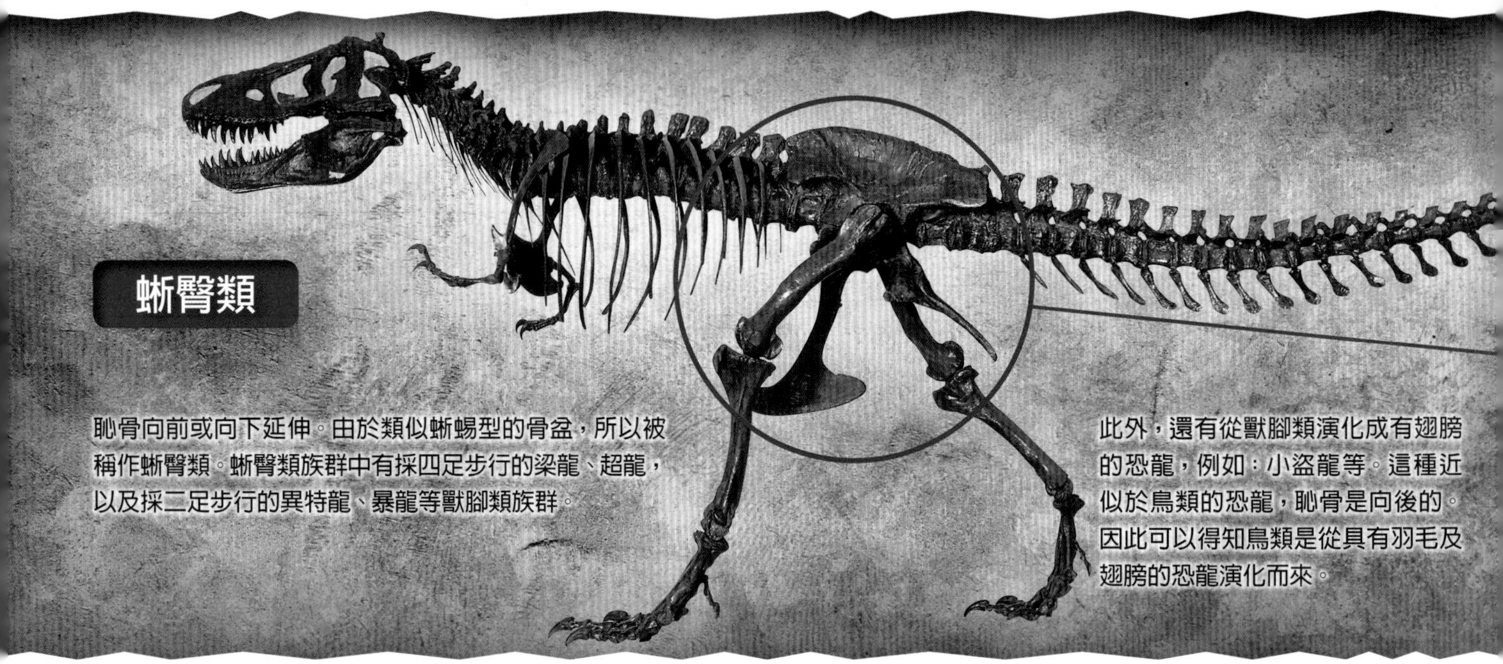

蜥臀類

恥骨向前或向下延伸。由於類似蜥蜴型的骨盆，所以被稱作蜥臀類。蜥臀類族群中有採四足步行的梁龍、超龍，以及採二足步行的異特龍、暴龍等獸腳類族群。

此外，還有從獸腳類演化成有翅膀的恐龍，例如：小盜龍等。這種近似於鳥類的恐龍，恥骨是向後的。因此可以得知鳥類是從具有羽毛及翅膀的恐龍演化而來。

●恐龍與爬蟲類的差異何在？

雖然恐龍是從爬蟲類演化而來，但是恐龍與爬蟲類之間就完全沒有差異嗎？

兩者最大的不同點在於腳長的位置不同。直立型姿勢僅需手腳運動，即可快速且有效率的移動。此外，為了能夠支撐沉重的身體，也是恐龍逐漸大型化的理由之一。

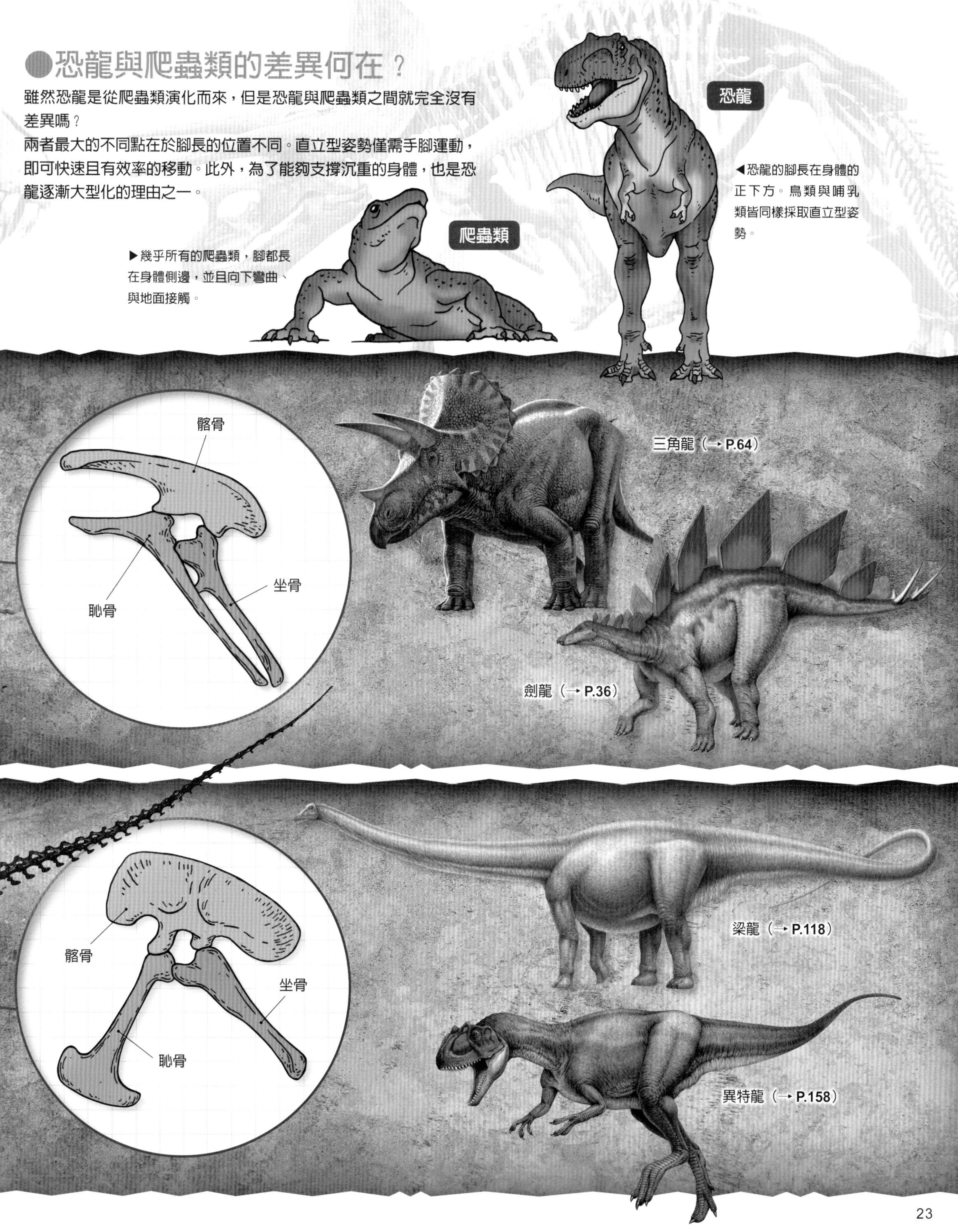

▶幾乎所有的爬蟲類，腳都長在身體側邊，並且向下彎曲、與地面接觸。

◀恐龍的腳長在身體的正下方。鳥類與哺乳類皆同樣採取直立型姿勢。

恐龍的種類

恐龍可大致區分為鳥臀類與蜥臀類，在這約 **1** 億 **6000** 萬年之間，又演化、分化為各式各樣的物種。橘色粗線表示該種恐龍族群主要的棲息期間。

鳥類

鳥類是從小型獸腳類劃分、獨自演化而來。目前認為始祖鳥是最古老的鳥類。

獸腳類（不含鳥類）

採二足步行，幾乎都是肉食性恐龍。有 **1m** 以下的小型恐龍，也有像暴龍那種 **12m** 的大型恐龍。有些羽毛發達，擁有翅膀。鳥類即是從有翅膀的獸腳類演化而來。

蜥腳形類（包含蜥腳類）

草食性恐龍族群。原始的蜥腳形類是採二足步行，但是進化後的蜥腳類，擁有巨大的身體與頸部，主要採四足步行。活躍於侏羅紀的代表性恐龍——超龍，全長超過 **30m**。

鳥臀類
裝甲類
頭飾龍類
劍龍類
草食性恐龍，代表性恐龍是劍龍，採四足步行，背部有骨板。肩膀或尾部末端有尖刺。
甲龍類
草食性恐龍，如：甲龍，全身被盔甲般的骨板包覆。尾部末端有如錘子般的瘤狀物。
鳥腳類
主要是採二足步行的草食性恐龍。從小型的稜齒龍族群到超過 10m 的鴨嘴龍族群，這一類中有著各式各樣的恐龍。
厚頭龍類
草食性恐龍，頭骨上半部被堅硬的骨頭覆蓋住。有些是頭上有圓頂蓋的腫頭龍，也有像是平頭龍的扁平頭恐龍。
角龍類
草食性恐龍，擁有像鸚鵡的喙。代表性的恐龍有尖角龍、三角龍等頭上有頭盾或是角的恐龍。

鳥臀類

在演化的初期階段，可以將恐龍分為兩大族群——鳥臀類與蜥臀類。

鳥臀類基本上是草食性恐龍，包含劍龍類、甲龍類在內的裝甲類，角龍類以及厚頭龍類等在內的頭飾龍類，以及鳥腳類。

原始的鳥臀類族群①

小林博士的重點整理！

三疊紀後期，採二足步行、擁有喙部的草食性恐龍現身。為了逃離肉食性的爬蟲類及恐龍，體型還很小巧！牙齒及齒顎與後續不同時期的草食性恐龍比較起來，算是相當原始。

這是三疊紀後期，南非地區的模樣。始奔龍會啄食樹葉。棲息在相同時期下的原始蜥腳形類——黑丘龍也可以站立、啄食更高位置的樹葉。

始奔龍 1m

Eocursor 清晨的跑者

在三疊紀的鳥臀類中發現了截然不同的化石。牠們可以利用樹葉狀的牙齒去啄食植物。後腳較長，能夠快速奔跑。

生存期間 三疊紀 侏羅紀 白堊紀

草食性 肉食性

皮薩諾龍 1m

Pisanosaurus 皮薩諾（人名）的蜥蜴

能善用腳速，逃離在相同時期、生長於阿根廷的肉食性恐龍——艾雷拉龍。為了能夠撕咬植物，擁有很強壯的齒顎。

生存期間 三疊紀 侏羅紀 白堊紀

賴索托龍 1m

Lesothosaurus 賴索托（地名）的蜥蜴

前腳較短，無法用來步行，但是擁有很長的手指可以抓住東西。齒顎前端沒有牙齒，為喙狀。

生存期間 三疊紀 侏羅紀 白堊紀

小林博士的 原來如此！小專欄

牠們都吃些什麼呢？

在恐龍現身的三疊紀，長出了蕨類、木賊、蘇鐵等植物。蕨類、木賊是低矮的原始植物。蘇鐵類植物擁有很像鳳梨的樹幹，頂部生長著一大束葉子。

初期的恐龍會吃這類植物。或許也非常喜歡蘇鐵的毬果。

靈龍 1.2m

Agilisaurus 敏捷的蜥蜴

比起前腳，後腳較長，長形的尾部是為了取得平衡，可利用二足快速奔跑。

生存期間 三疊紀 侏羅紀 白堊紀

Q&A Q. 恐龍從哪裡誕生？ A. 目前最古老的化石發現於南美洲的阿根廷。

原始的鳥臀類族群②

奧斯尼爾洛龍 1.4m

Othnielosaurus　奧塞內爾（人名）的蜥蜴

原本稱作「奧斯尼爾龍（**Othnielia**）」。圓鼓鼓的嘴邊有湯匙狀的牙齒，齒顎上排列著樹葉狀的牙齒。與知名的古生物學者——奧塞內爾．查利斯．馬什（**Othniel Charles Marsh**）齊名。

 草食性　肉食性

小林博士的 原來如此！小專欄

哪一種恐龍會長羽毛呢？

目前為止發現有羽毛恐龍化石幾乎都是獸腳類的恐龍族群。但是，鸚鵡嘴龍（→ P.54）、天宇龍（→ P.33）等部分鳥臀類恐龍身上也可以發現羽毛狀的組織，但是並不清楚是否與獸腳類的羽毛起源相同。2014 年發現鳥臀類的庫林達奔龍羽毛和在獸腳龍身上發現的原始羽毛很類似。根據該最新發現研判很可能不僅是獸腳類，各種恐龍都擁有羽毛。

白峰龍 1.7m
Albalophosaurus
白山（日本地名）的蜥蜴
2009 年發表時，被歸類為原始的角龍族群，目前也有研究在探討是否歸類在原始的鳥臀類會更符合。
生存期間 三疊紀 侏羅紀 白堊紀

庫林達奔龍 1.5m 2014年發表
Kulindadromeus 庫林達的跑者
長有羽毛的鳥臀類恐龍。尾部以及後腳覆蓋著鱗片，全身則被各種類型的羽毛所包覆。
生存期間 三疊紀 侏羅紀 白堊紀

尺寸 Check
奧斯尼爾洛龍
白峰龍
庫林達奔龍

畸齒龍族群

小林博士的重點整理！

畸齒龍族群是活躍於侏羅紀初期的小型草食性恐龍族群。與其他恐龍及爬蟲類不同，幾乎和哺乳類一樣，齒顎前方與內側長著種類不一的牙齒！目前推斷從頸部到尾部，可能長有如羽毛般的毛髮喔！

畸齒龍 1.2m

Heterodontosaurus 擁有不同種牙齒的蜥蜴

上顎前端有三對獠牙，可以藉此挖出植物根部，或是當作武器使用。獠牙當中、最後方有類似犬齒的牙齒。齒顎的內側也有可以用來磨碎食物的牙齒。

生存期間 三疊紀 侏羅紀 白堊紀

ZOOM UP! 畸齒龍的化石

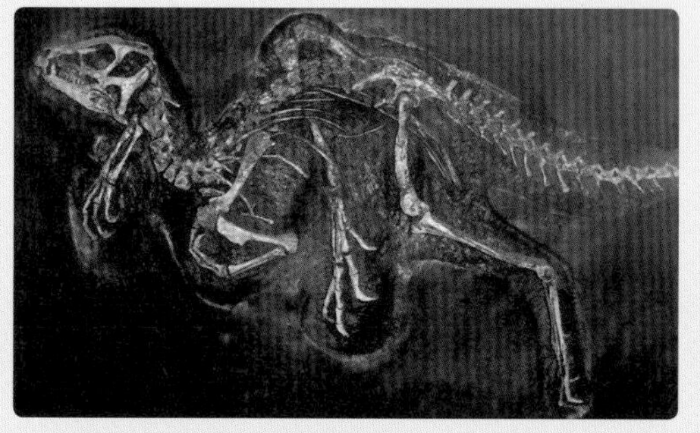

據說擁有兩隻非常長的後腳，可以快速奔跑，前腳很適合抓握東西。

果齒龍 0.7m 2010年發表

Fruitadens 弗魯塔（美洲地名）的牙齒

相當小型的鳥臀類恐龍。下顎有犬齒般的獠牙，前方排列著鋸齒狀的牙。不僅是植物，也會食用昆蟲。

生存期間 三疊紀 侏羅紀 白堊紀

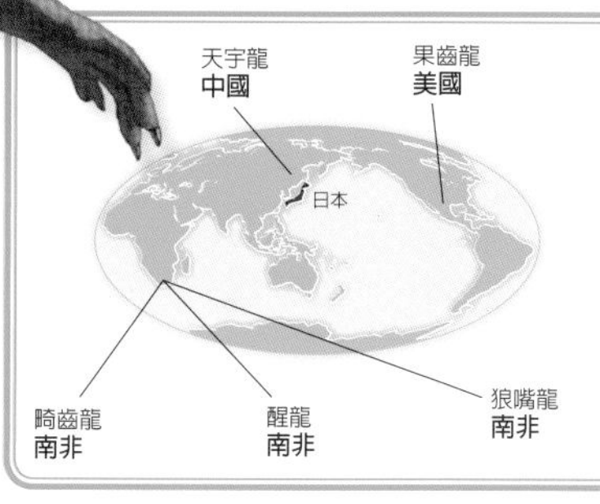

草食性 肉食性

狼嘴龍 1.2m

Lycorhinus 狼鼻尖

由於齒顎骨骼與原始的哺乳類不同，故以此命名。擁有如犬齒般的獠牙。

天宇龍 0.7m

Tianyulong 天宇（中國地名）的龍

目前已知從頸部到尾部皆長有如羽毛般的毛髮。是第二種被發現的鳥臀類恐龍，僅次於鸚鵡嘴龍。尚未確認是否與獸腳類的羽毛同源。

畸齒龍的牙齒

爬蟲類的牙齒，每顆形狀都相同。但是，畸齒龍類恐龍的下顎卻會長出非常明顯的長形獠牙，內側的牙齒呈樹葉狀，這類恐龍的特徵是同時擁有不同類型牙齒。

醒龍 1.2m

Abrictosaurus 睜開眼的蜥蜴

曾發現兩塊頭骨與部分的骨骼。頭骨近似於畸齒龍，但是又沒有像犬齒那樣的獠牙。一些學者認為可能是雌性的畸齒龍。

原始的裝甲類族群

小林博士的重點整理！

進入侏羅紀前期，背部覆蓋著骨板及節瘤的原始裝甲類族群現身。然而，即便是原始的盔甲，也有助於抵禦肉食性恐龍的攻擊。

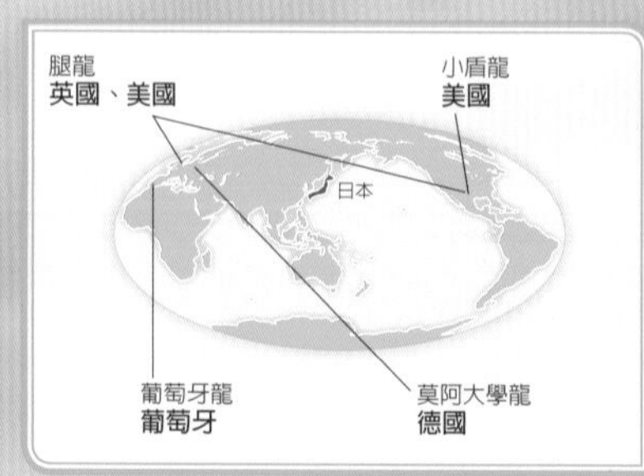

腿龍 4m

Scelidosaurus 腳蜥蜴

在歷史上是第一隻全身骨骼明確的恐龍。從頸部到尾部，排列著橢圓形或是三角形的尖刺，範圍可以擴大到尾部內側以及大腿部位。喙部以及樹葉狀的牙齒可以撕碎植物。

生存期間 三疊紀 侏羅紀 白堊紀

 草食性 肉食性

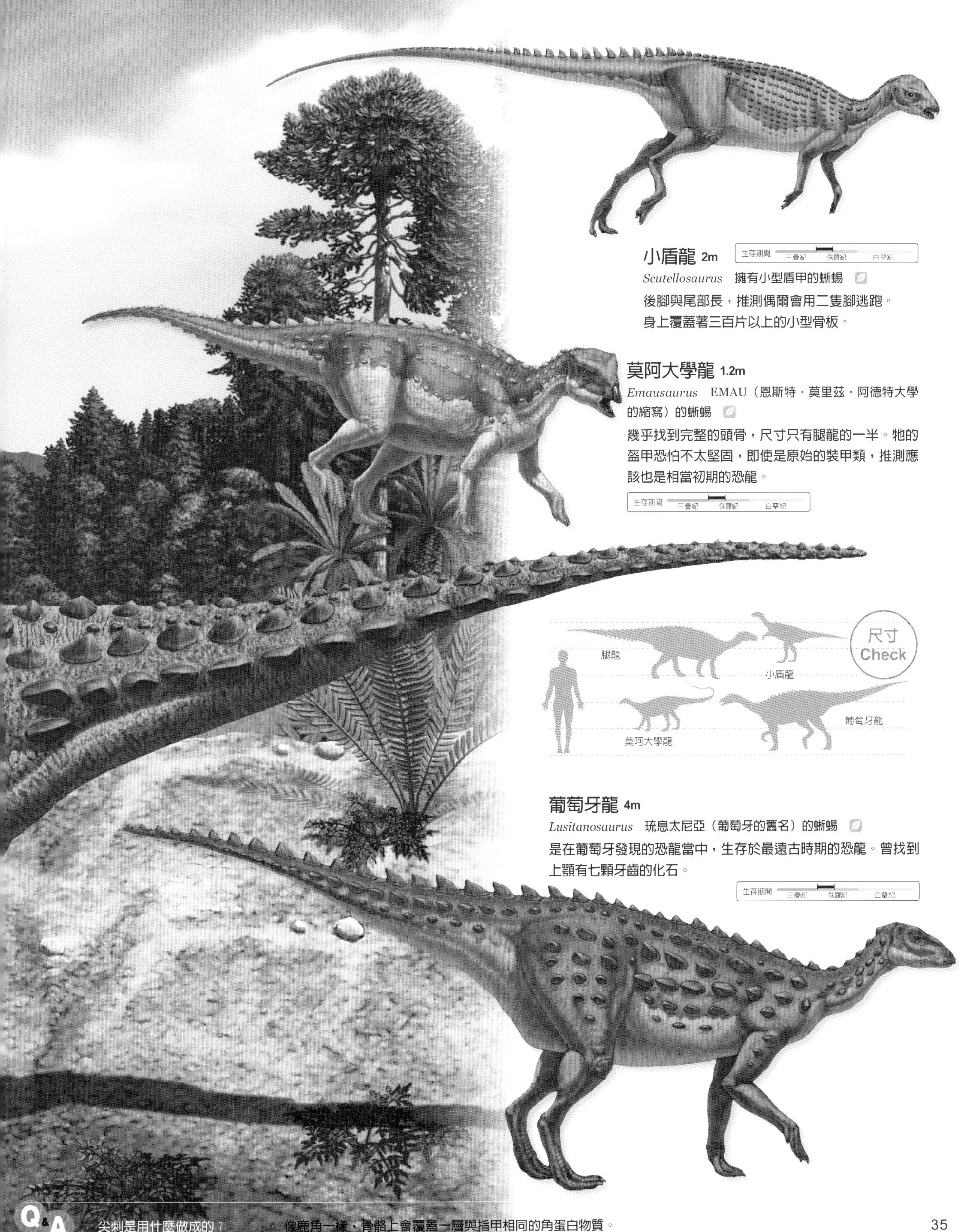
小盾龍 2m
生存期間 三疊紀 侏羅紀 白堊紀
Scutellosaurus 擁有小型盾甲的蜥蜴
後腳與尾部長，推測偶爾會用二隻腳逃跑。
身上覆蓋著三百片以上的小型骨板。
莫阿大學龍 1.2m
Emausaurus EMAU（恩斯特・莫里茲・阿德特大學的縮寫）的蜥蜴
幾乎找到完整的頭骨，尺寸只有腿龍的一半。牠的盔甲恐怕不太堅固，即使是原始的裝甲類，推測應該也是相當初期的恐龍。
生存期間 三疊紀 侏羅紀 白堊紀
尺寸 Check
腿龍
小盾龍
莫阿大學龍
葡萄牙龍
葡萄牙龍 4m
Lusitanosaurus 琉息太尼亞（葡萄牙的舊名）的蜥蜴
是在葡萄牙發現的恐龍當中，生存於最遠古時期的恐龍。曾找到上顎有七顆牙齒的化石。
生存期間 三疊紀 侏羅紀 白堊紀
Q&A 尖刺是用什麼做成的？
A. 像鹿角一樣，骨骼上會覆蓋一層與指甲相同的角蛋白物質。

劍龍族群①

鳥臀類●劍龍類

小林博士的重點整理！

特徵是背部長有骨板的草食性恐龍族群。在侏羅紀後期，活躍於全世界，北美洲曾出現最大型的劍龍物種。不過，到了白堊紀中期，劍龍族群的身影卻消失無蹤。

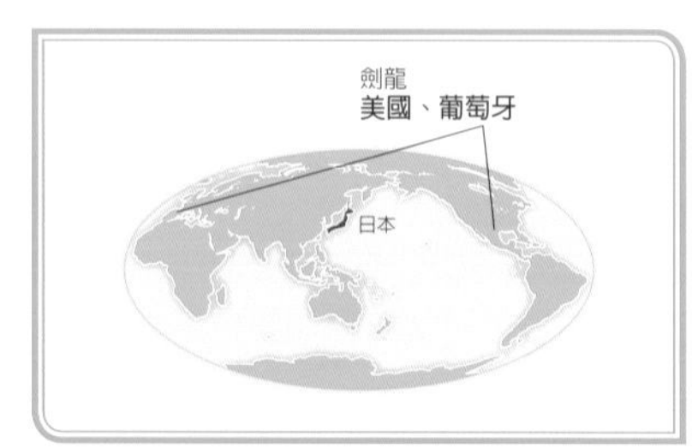

劍龍 7～9m

Stegosaurus 有頂蜥蜴

劍龍類當中最大型的即是劍龍。背上有接近五角形的板狀骨甲，互相交錯排列生長。長形尖刺的尾部，可以用來防禦敵人攻擊。

生存期間 三疊紀 侏羅紀 白堊紀

ZOOM UP! 能夠保護喉嚨部位的盔甲

侏羅紀後期，劍龍等恐龍是異特龍等肉食性恐龍狩獵的目標。

劍龍會有很多塊骨頭聚集在喉嚨處，看起來就像一副盔甲。推測這副盔甲可以在受到肉食性恐龍攻擊時保護喉嚨。

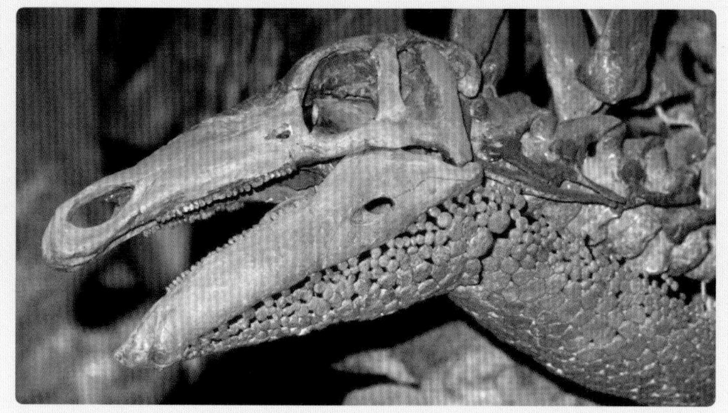

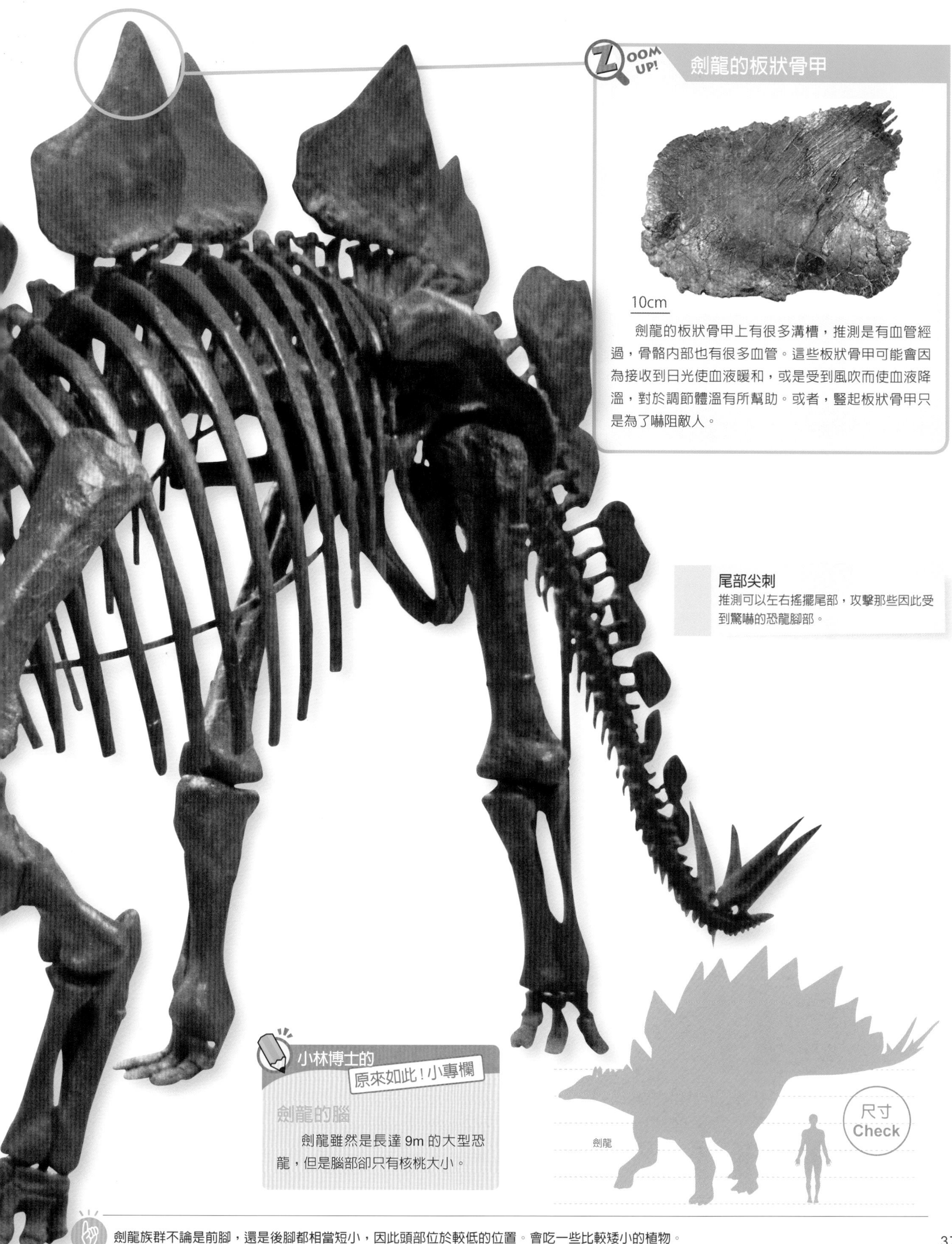

劍龍的板狀骨甲

10cm

劍龍的板狀骨甲上有很多溝槽，推測是有血管經過，骨骼內部也有很多血管。這些板狀骨甲可能會因為接收到日光使血液暖和，或是受到風吹而使血液降溫，對於調節體溫有所幫助。或者，豎起板狀骨甲只是為了嚇阻敵人。

尾部尖刺

推測可以左右搖擺尾部，攻擊那些因此受到驚嚇的恐龍腳部。

小林博士的原來如此！小專欄

劍龍的腦

劍龍雖然是長達 9m 的大型恐龍，但是腦部卻只有核桃大小。

劍龍族群不論是前腳，還是後腳都相當短小，因此頭部位於較低的位置。會吃一些比較矮小的植物。

劍龍族群②

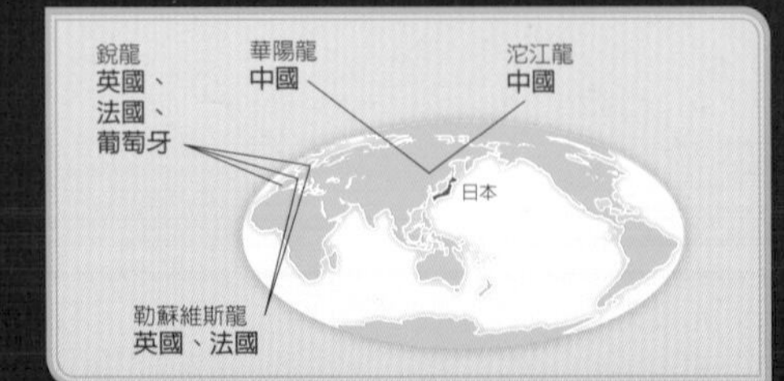

沱江龍 7m

Tuojiangosaurus　沱江（中國河川名）的蜥蜴

在中國發現的劍龍族群中，是經常作為學者研究對象的恐龍。沿著脊椎有兩列骨板，肩膀上有長形的尖刺。

生存期間　三疊紀　侏羅紀　白堊紀

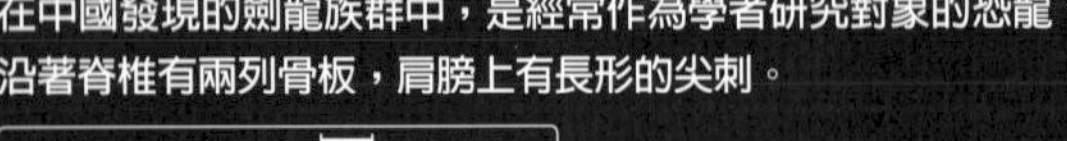

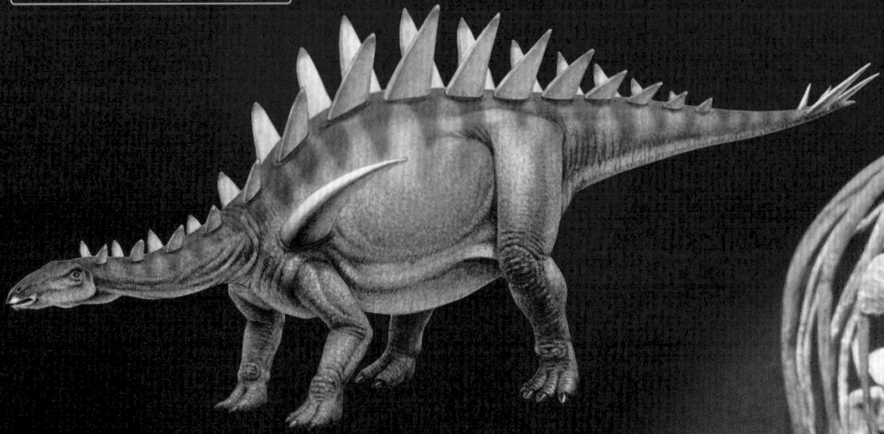

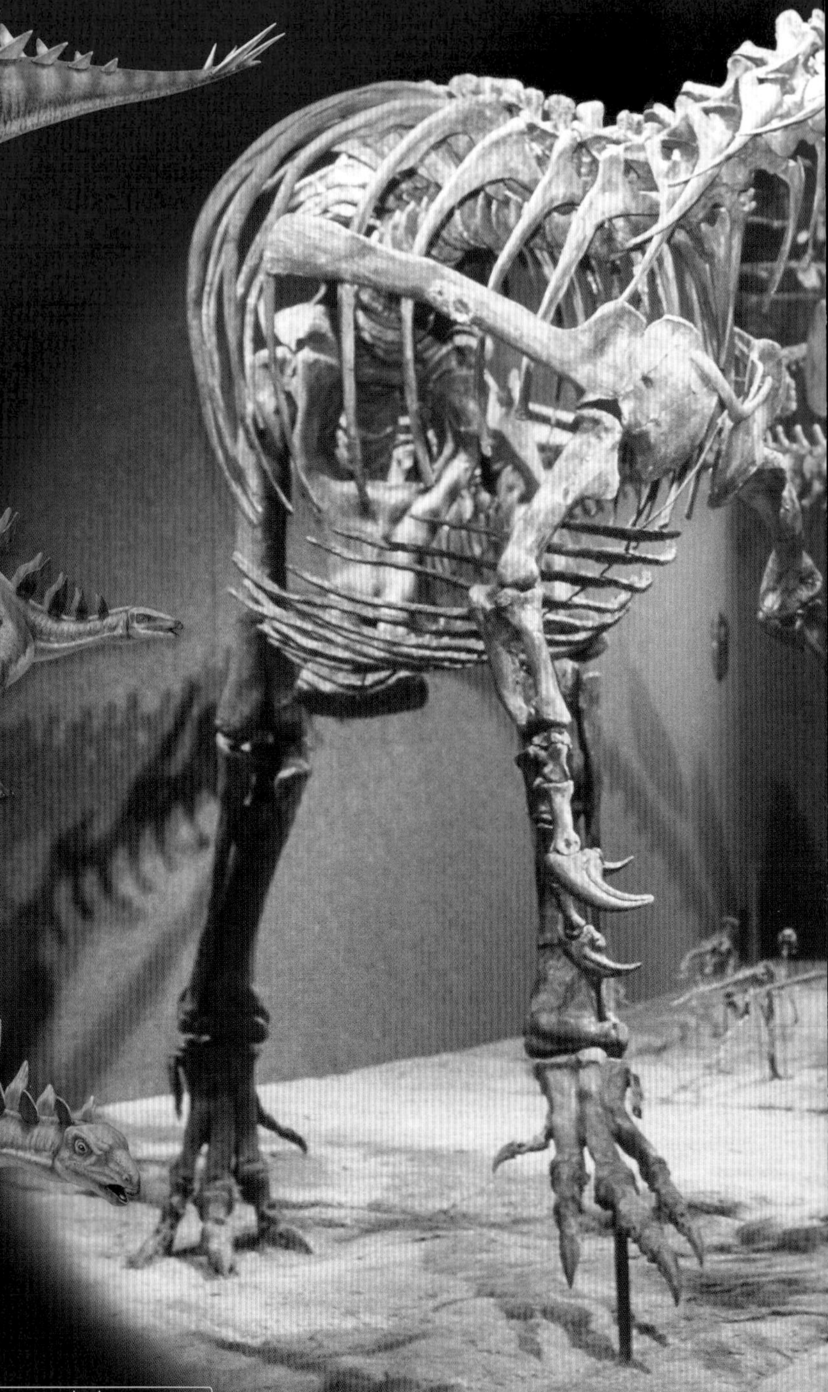

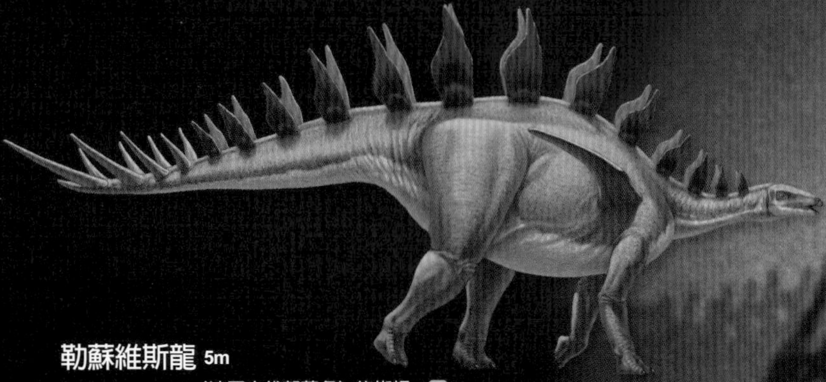

勒蘇維斯龍 5m

Lexovisaurus　（法國古代部落名）的蜥蜴

骨板造型獨特，根部較寬，前端成尖刺狀。肩膀上的尖刺和身體尺寸比較起來，相當大，可達 1m。

生存期間　三疊紀　侏羅紀　白堊紀

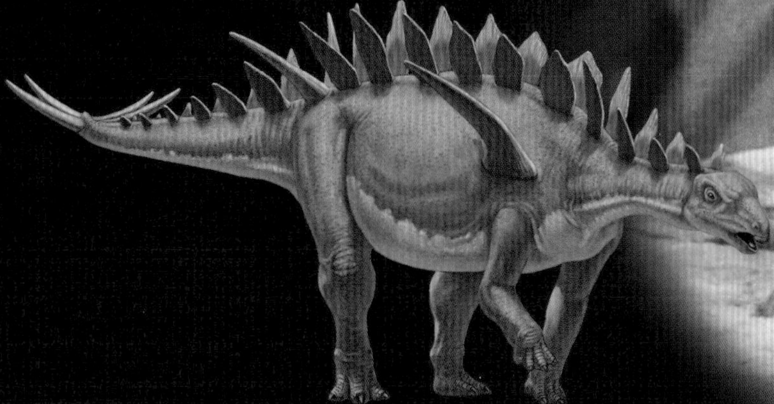

華陽龍 4.5m

Huayangosaurus　華陽（中國四川地方的別稱）的蜥蜴

生存期間　三疊紀　侏羅紀　白堊紀

初期現身的劍龍。是劍龍族群當中最小型的物種。

草食性　肉食性

銳龍 8m

Dacentrurus 具有尖刺的尾部

由十九世紀知名古生物學者——理查·歐文（**Sir Richard Owen**）所發現、最原始的劍龍。前腳長，背後的弧度小，接近平坦。

劍龍 VS. 異特龍

侏羅紀後期，屬於草食性的劍龍是肉食性異特龍的狩獵目標。劍龍會利用尾部上的尖刺保護自己。異特龍的脊椎化石上曾發現一些孔洞，推測可能就是被劍龍尾部刺出來的孔洞。我們可以想像當時的戰況有多麼激烈。

劍龍與異特龍的
全身骨架

劍龍族群③

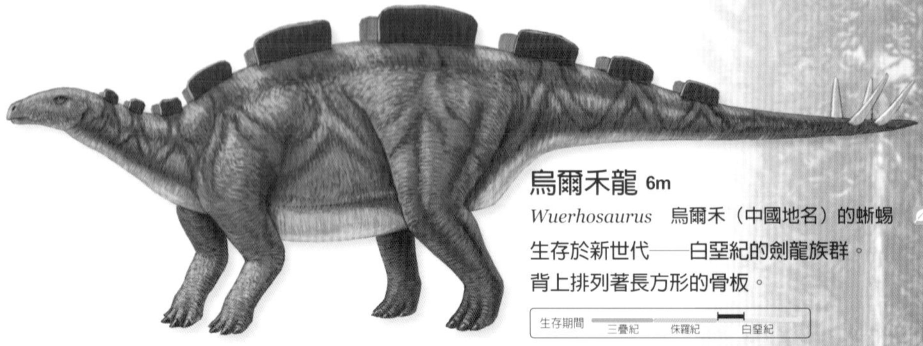

烏爾禾龍 6m

Wuerhosaurus 烏爾禾（中國地名）的蜥蜴

生存於新世代——白堊紀的劍龍族群。
背上排列著長方形的骨板。

生存期間 三疊紀 侏羅紀 白堊紀

西龍 6m

Hesperosaurus 西部的蜥蜴

在美國懷俄明州的摩里山層中發現幾乎完整的頭骨與許多骨骼。頭骨短且開闊。模式標本（※）放在日本。

生存期間 三疊紀 侏羅紀 白堊紀

生存期間 三疊紀 侏羅紀 白堊紀

米拉加亞龍 6.5m

Miragaia 米拉加亞（葡萄牙地名）的蜥蜴

特徵是擁有長頸。一般劍龍約有十二～十三塊頸椎骨，但是米拉加亞龍卻有十七塊，占了全長的三分之一。拜長頸所賜，可以吃到較高大的植物。

嘉陵龍 4m

Chialingosaurus 嘉陵江（中國河川名）的蜥蜴

生存期間 三疊紀 侏羅紀 白堊紀

生存在最古老時期的劍龍族群恐龍之一。
體型小，近似於釘狀龍。

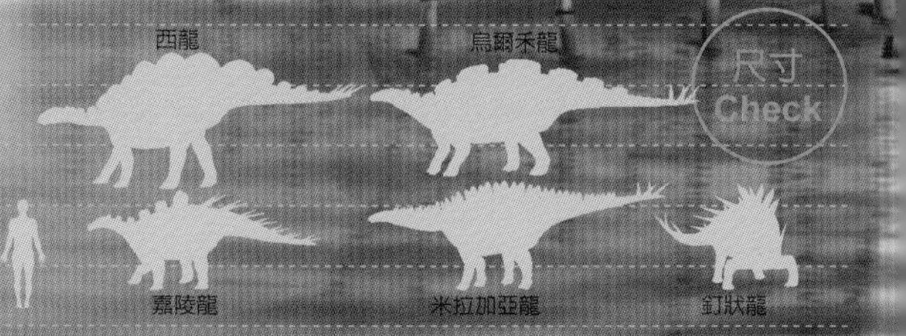

尺寸 Check

西龍 烏爾禾龍
嘉陵龍 米拉加亞龍 釘狀龍

草食性 肉食性 ※ 模式標本：描述一個新物種時經指定使用的基準標本。

釘狀龍 4.5m

Kentrosaurus 擁有尖刺的蜥蜴

在劍龍族群當中算是小型的恐龍。長形的尾部，占據身體一半以上的面積。有研究報告指出當其尾部呈水平時，奔跑時速可達 **50 km**。

Q&A Q. 劍龍族群，可以用多快的速度行走？ A. 前腳較短，身體較重，因此步行速度相當緩慢，最快時速約為 6 ～ 7km。

甲龍族群①

小林博士的重點整理！

甲龍族群全身都被堅硬的「骨化皮膚」，也就是骨板盔甲所覆蓋！頸部與肩膀上有尖刺，尾部末端有著如錘子般的節瘤。是活躍於侏羅紀中期到白堊紀末期，生存於非洲以外世界的草食性恐龍。

大面甲龍 11m

Ankylosaurus 關節僵硬的蜥蜴

最大型的甲龍，有如一台大型戰車。頭骨上方覆蓋著板狀骨。可以左右揮動尾部末端堅硬的錘子，攻擊肉食性恐龍的腳部。

生存期間 三疊紀 侏羅紀 白堊紀

多智龍 8～8.5m

Tarchia 聰明者

推測腦部比其他甲龍族群的更大。體型也是亞洲甲龍類當中最大的。

生存期間 三疊紀 侏羅紀 白堊紀

白山龍 6m

Tsagantegia 白山

中型尺寸的甲龍，已發現完整的頭骨。頭部扁平，並且擁有小型的節瘤裝甲骨頭。

生存期間 三疊紀 侏羅紀 白堊紀

敏迷龍 2m

Minmi 閔密(澳洲地名)

雖然最早是在南半球——澳洲發現的甲龍，但是目前無從得知其是如何橫跨至澳洲大陸。不僅是背部，腹部也覆蓋著盔甲。曾發現其胃部留有葉子或果實的殘渣。有些研究認為應是更原始的甲蟲類。

生存期間 三疊紀 侏羅紀 白堊紀

草食性 肉食性

齊亞甲龍 6m 2014年發表

Ziapelta 齊亞（新墨西哥州的部落名稱）的盾牌

臉頰長有三角形的大型骨刺。此外，頸部那一圈尖刺也比其他甲龍族群的恐龍更大、更醒目。腹部、短前腳都覆蓋著尖刺。

生存期間 三疊紀 侏羅紀 白堊紀

猬甲龍 6.5m

Zaraapelta 刺蝟的小型盾牌

雖然已發現帶有許多節瘤、非常有特色的頭骨，但是整體的尺寸還不是非常清楚。推測應該是多智龍的近似物種。

生存期間 三疊紀 侏羅紀 白堊紀

浙江龍 6m

Zhejiangosaurus 浙江（中國地名）的蜥蜴

骨骼近似於甲龍，但是尾部沒有錘狀物，因此也有學者認為應歸屬在結節龍類。依據目前分類，仍歸類在甲龍類之列。

生存期間 三疊紀 侏羅紀 白堊紀

甲龍類恐龍的胃中有細菌，可以幫助消化。

甲龍族群②

包頭龍 6m

Euoplocephalus　經常武裝的頭部

包含十五塊頭骨在內，已發現四十隻以上的化石。牠們不會建立群體，採獨居生活。擁有又大又重的尾錘。

生存期間　三疊紀　侏羅紀　白堊紀

甲龍的盔甲與錘子

ZOOM UP!

包頭龍背部的盔甲化石

觀察包頭龍的全身骨骼，我們得知甲龍的盔甲——「骨化皮膚」是由皮膚變化而成的骨板加上排列著的尖刺所構成。此外，也可以知道看起來很可怕的尾錘是由一對骨塊所構成。甲龍族群就是利用這些堅硬的尖刺與尾錘來抵禦肉食性恐龍的攻擊。

籃尾龍 4～6m

Talarurus　如籃球狀的尾

在戈壁沙漠被發現。由強壯肋骨所支撐的胴體長得像一個木桶。腳很短，擁有看起來很像河馬的體型。尾錘較小。

生存期間　三疊紀　侏羅紀　白堊紀

籃尾龍的全身骨架

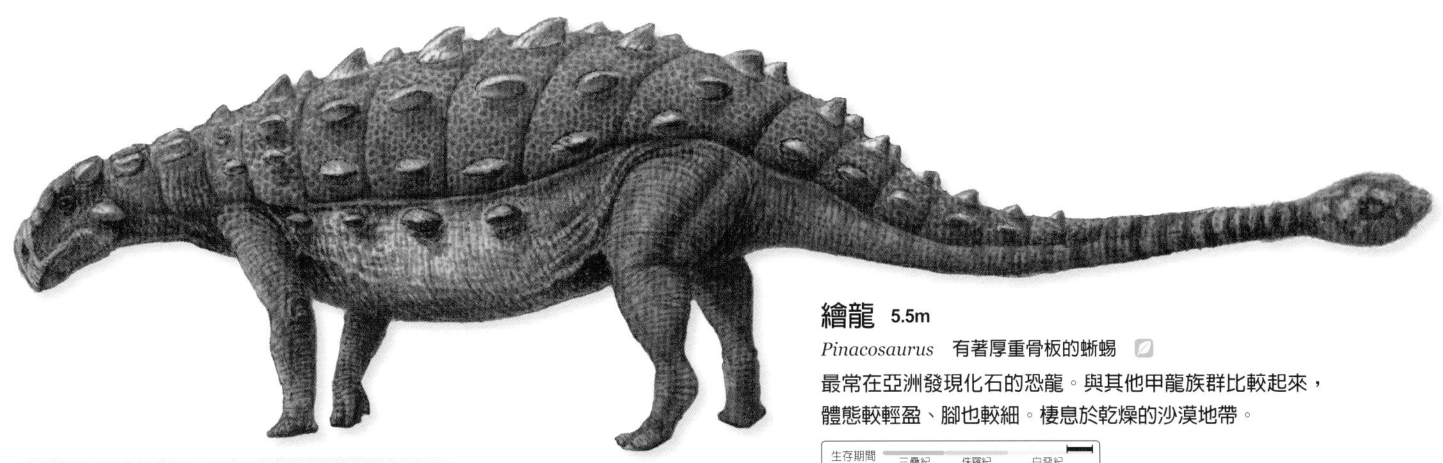

繪龍 5.5m

Pinacosaurus 有著厚重骨板的蜥蜴

最常在亞洲發現化石的恐龍。與其他甲龍族群比較起來，體態較輕盈、腳也較細。棲息於乾燥的沙漠地帶。

生存期間 三疊紀 侏羅紀 白堊紀

繪龍的全身骨架

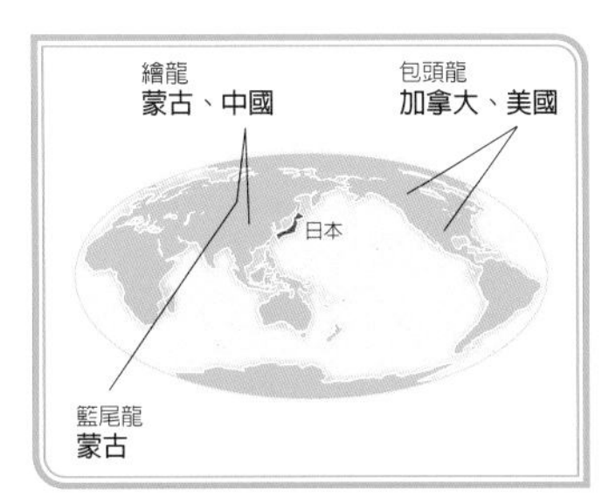

小林博士的 原來如此！小專欄

恐龍能跑多快呢？

2007 年英國曼徹斯特大學曾經針對恐龍的跑步速度發表過一個研究報告。依據從化石所得知的骨骼、肌肉生長形狀以及姿勢等進行計算，暴龍的時速大約 28km，比運動選手稍微慢一些。也有計算其他恐龍的跑步速度，最快速的是體重僅有 3kg 左右的小型恐龍——美頜龍，時速約可達 64km。比在一般道路上行駛的汽車速度還快。此外，據說似鳥龍的時速也可以達 60km 以上。

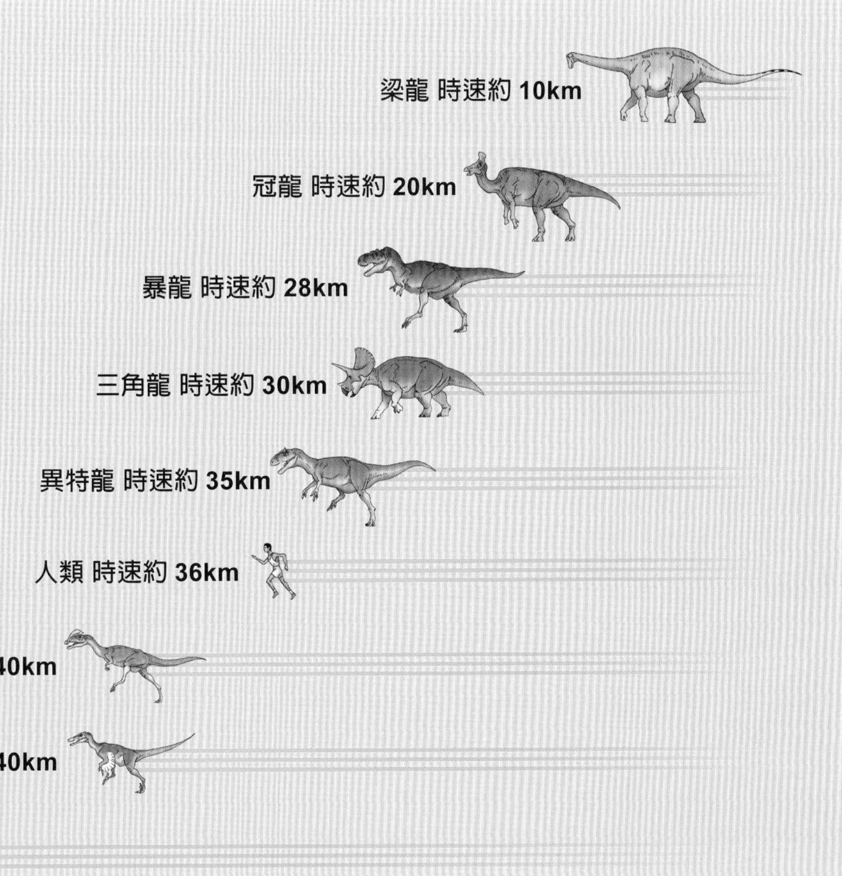

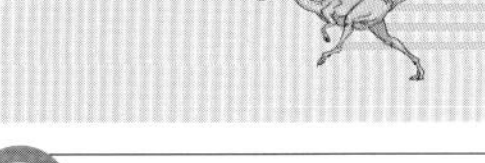

Q. 甲龍能跑多快呢？ A. 曾有人計算過甲龍跑步的時速約為 3km。

結節龍族群①

小林博士的重點整理！

比甲龍族群更原始的甲龍類族群，特徵是沒有尾錘，頭部以及嘴部前端較細窄！有些恐龍的肩膀上還是有尖刺喔！主要活躍於北半球。

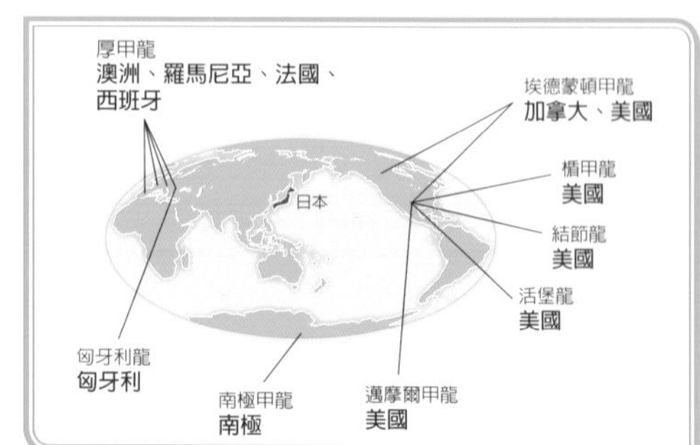

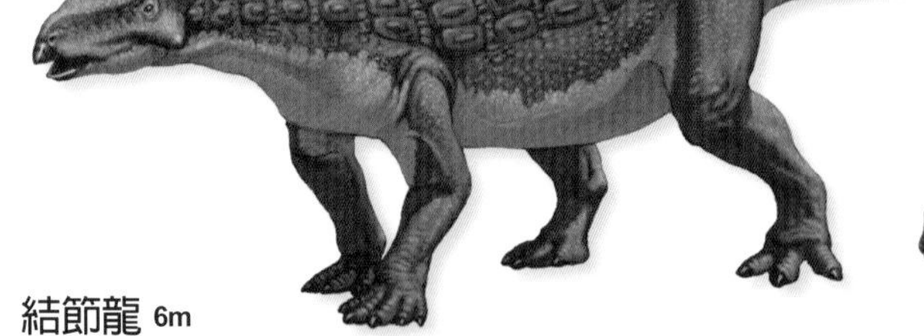

結節龍 6m

Nodosaurus 節瘤蜥蜴

小巧的四角形骨板會從背部開始橫向排列。害怕敵人時，會趴在地面，用背部的盔甲保護自己。

生存期間 三疊紀 侏羅紀 白堊紀

邁摩爾甲龍 2.7m

Mymoorapelta Mygatt－Moore（美國採礦場）的盾牌

邁摩爾甲龍是生存於侏羅紀時期的原始結節龍族群。頭上有尖刺，也具有甲龍族群的特徵。有研究指出應歸屬於更原始的甲龍族群。

生存期間 三疊紀 侏羅紀 白堊紀

活堡龍 3m

Animantarx 活動城堡

小型甲龍族群。頭骨上有尖刺。有研究指出應該是近似於埃德蒙頓甲龍的族群。

生存期間 三疊紀 侏羅紀 白堊紀

匈牙利龍 4m

Hungarosaurus 匈牙利的蜥蜴

分析其頭骨等部位後發現，與甲龍族群比較起來，就算是用跑的，也能採取最適合跑步的姿勢與動作。

生存期間 三疊紀 侏羅紀 白堊紀

楯甲龍 6~7m

Sauropelta 蜥蜴的盾牌

擁有像是鑲嵌了馬賽克磚一樣的盔甲化石，保存狀態相當良好。讓人矚目的是從頸部到肩膀排列著整齊的尖刺，並且向上延伸。可以藉由這些尖刺死命抵抗在相同地層發現的肉食性恐龍——恐爪龍攻擊。

生存期間 三疊紀 侏羅紀 白堊紀

 草食性 肉食性

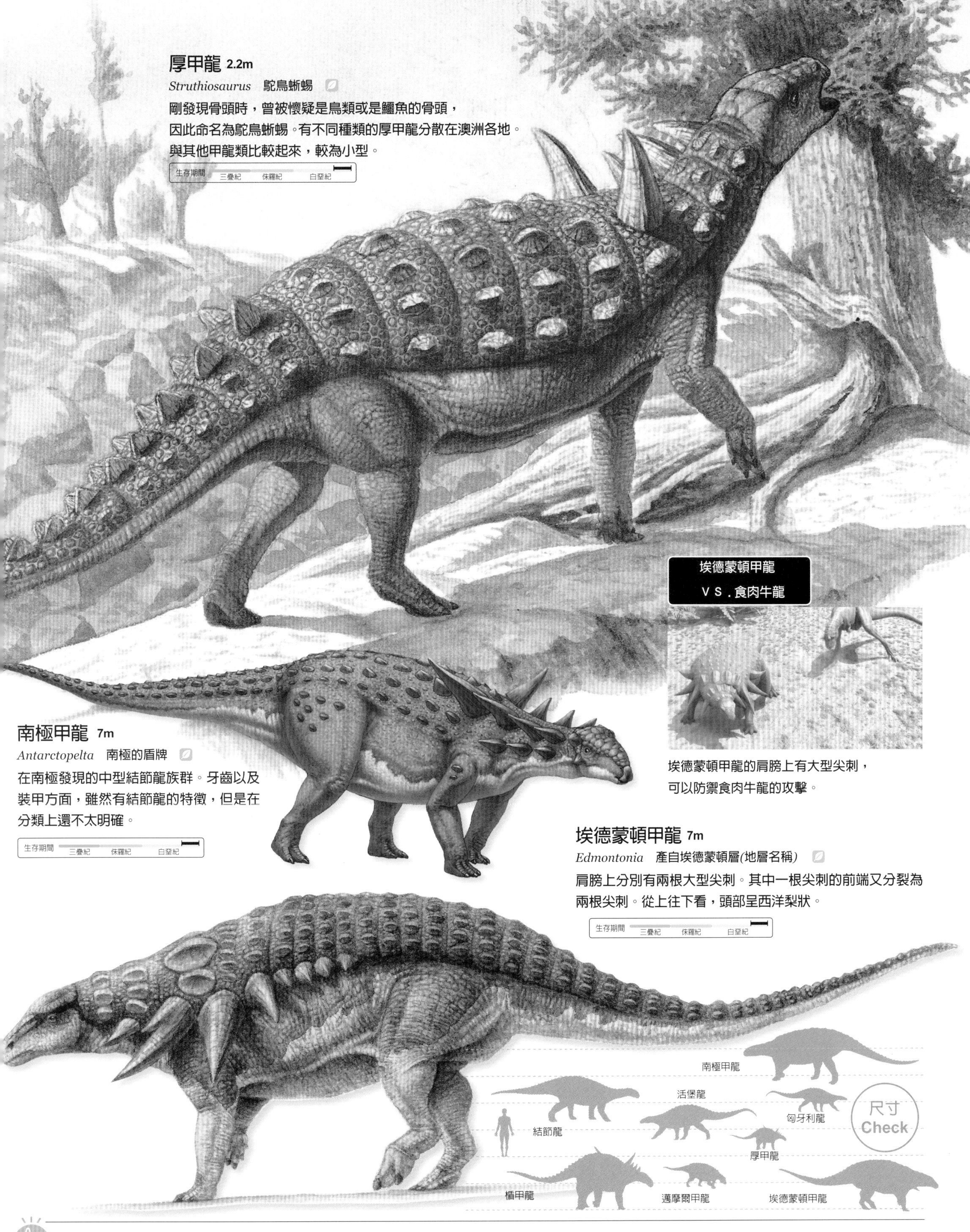

厚甲龍 2.2m

Struthiosaurus 鴕鳥蜥蜴

剛發現骨頭時，曾被懷疑是鳥類或是鱷魚的骨頭，因此命名為鴕鳥蜥蜴。有不同種類的厚甲龍分散在澳洲各地。與其他甲龍類比較起來，較為小型。

南極甲龍 7m

Antarctopelta 南極的盾牌

在南極發現的中型結節龍族群。牙齒以及裝甲方面，雖然有結節龍的特徵，但是在分類上還不太明確。

埃德蒙頓甲龍 VS.食肉牛龍

埃德蒙頓甲龍的肩膀上有大型尖刺，可以防禦食肉牛龍的攻擊。

埃德蒙頓甲龍 7m

Edmontonia 產自埃德蒙頓層(地層名稱)

肩膀上分別有兩根大型尖刺。其中一根尖刺的前端又分裂為兩根尖刺。從上往下看，頭部呈西洋梨狀。

結節龍族群的尾部沒有尖刺或尾錘，所以會利用頭或是肩膀處的尖刺對付敵人、保護自己。

結節龍族群②

多刺甲龍 3~4m

Polacanthus 有很多尖刺

除了頭骨，幾乎所有的骨骼都已經被發現。頭部、肩膀、背部排列著橫向的尖刺。腰部有一片大型的盔甲保護著。

生存期間 三疊紀 侏羅紀 白堊紀

牛頭龍 頭骨有32cm

Tatankacephalus 野牛頭

曾經被認為屬於甲龍族群，但是在最近的研究中則被分類為結節龍族群。

生存期間 三疊紀 侏羅紀 白堊紀

小林博士的 原來如此！小專欄

大如盾牌的化石

多刺甲龍有許多小型骨板集中在腰部，形成一片盾牌般的盔甲。這副盔甲可以確實保護腰部，抵禦肉食性恐龍的攻擊。

加斯頓龍 4.5~6m

Gastonia 加斯頓(人名)之物

從頸部到背部都有大型向上以及橫向延伸的尖刺。這些尖刺可以保護加斯頓龍不受同一地區的肉食性恐龍——猶他盜龍鉤爪及牙齒攻擊。近年來也有研究認為應歸類在甲龍族群。

生存期間 三疊紀 侏羅紀 白堊紀

林龍 4m

Hylaeosaurus　住在森林裡的蜥蜴

全世界最早被發現的甲龍。**1842** 年經由知名古生物學者——理查．歐文（**Sir Richard Owen**）認定為繼斑龍、禽龍後的第三隻「恐龍」。

生存期間　三疊紀　侏羅紀　白堊紀

Q&A　Q. 幼龍身上也有盔甲嗎？　A. 甲龍寶寶沒有盔甲，隨著成長才會發展出來。

腫頭龍族群①

小林博士的重點整理！

腫頭龍族群亦稱作厚頭龍！
如同字面上的意義，特徵就是牠們具有厚重的頭骨喔！有些腫頭龍頭部隆起的圓頂蓋周圍還排列著尖刺。牠們活躍至白堊紀的末期，是草食性的恐龍喔！

腫頭龍 4.5m
Pachycephalosaurus 厚頭蜥蜴

最大的腫頭龍族群。頭上圓頂蓋的高度約為20cm。在美洲大陸幾乎只能發現其頭骨，研究推測可能是因為牠們住在高地或是山邊，骨骼被沖入河川、流至平地時，僅剩下堅硬的頭骨。

生存期間 三疊紀 侏羅紀 白堊紀

 草食性  肉食性

腫頭龍的頭骨

飾頭龍 1.8m

Goyocephale 有裝飾的頭

與平頭龍相似。頭部沒有隆起，而是呈現扁平狀。可能是較原始的腫頭龍族群。

生存期間 三疊紀 侏羅紀 白堊紀

奧氏高頂龍 1.8m 2013年發表

Acrotholus 高頭

是在北美洲找到的化石當中，最古老的腫頭龍化石。雖然是原始的腫頭龍，但是頭部已經有隆起，頭骨厚度可達 10cm

生存期間 三疊紀 侏羅紀 白堊紀

Q&A Q. 頭型有雄雌之分嗎？ A. 雄雌似乎有所不同。雄性的頭型可能比較大。

腫頭龍族群②

傾頭龍 2.4m

Prenocephale 歪斜的頭

已發現保存良好、完整的頭骨。
圓頂蓋周圍裝飾著小巧的節瘤。

生存期間 三疊紀 侏羅紀 白堊紀

皖南龍 0.6m

Wannanosaurus 皖南（中國地名）的蜥蜴

小型的腫頭龍族群。
頭部平坦，沒有向上隆起的圓頂蓋，
被視為原始的腫頭龍。

生存期間 三疊紀 侏羅紀 白堊紀

平頭龍 1.5～3m

Homalocephale 平頭

發現了完整的頭骨與許多骨骼。
頭部頂端平坦，後方有許多小尖刺或是節瘤裝飾。
腰部寬大，直到尾部末端都很堅硬。

生存期間 三疊紀 侏羅紀 白堊紀

劍角龍 1.5～2m

Stegoceras 堅硬如犄角的頭頂

已發現許多頭骨，正在進行相關研究。

頭部的圓頂蓋，會隨著幼龍到成年龍階段，變得越來越厚實，雄性劍角龍應該也會比雌性的更為厚實。

生存期間 三疊紀 侏羅紀 白堊紀

小林博士的 原來如此！小專欄

厚頭龍的頭冠

據說腫頭龍等厚頭龍族群之間會互相用頭部劇烈碰撞、戰鬥。然而，觀察牠們的頸椎骨後發現，牠們的頭部相當纖細，所以最近有研究認為牠們應該不會出現互相碰撞的行為。

原始的角龍族群①

小林博士的重點整理！

鸚鵡嘴龍與隱龍等原始的角龍族群，曾經是相當活躍於白堊紀初期、亞洲地區的恐龍族群。此外，頭盾（頸部裝飾）雖然不發達，但是從腰部到尾部都有類似羽毛的組織。

鸚鵡嘴龍 1～2m

Psittacosaurus 鸚鵡蜥蜴

沒有犄角或是頭盾的原始角龍。

因為擁有一張喙部相當明顯、很像鸚鵡的面孔，故以此命名。目前已發現許多化石。

生存期間	三疊紀	侏羅紀	白堊紀

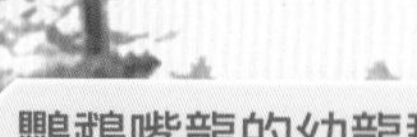

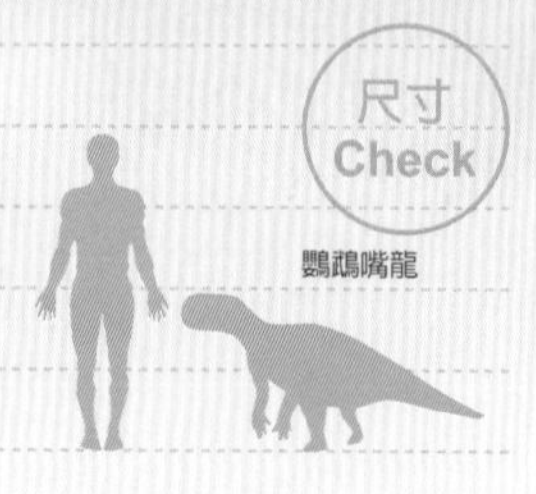

鸚鵡嘴龍的幼龍群

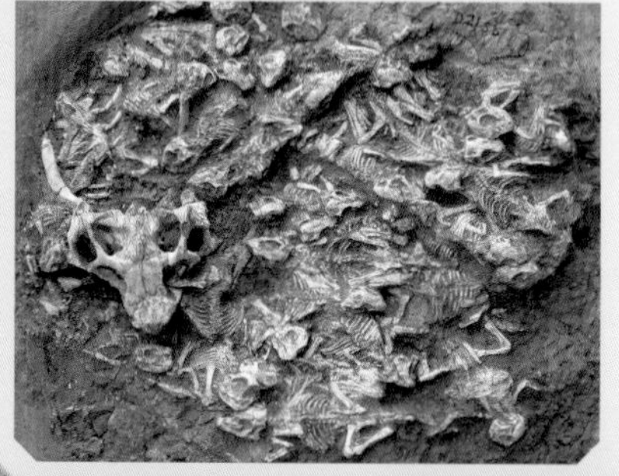

2003 年，在中國遼寧省熱河群的地層中發現了鸚鵡嘴龍群體的化石。群體當中總共有三十四隻幼龍，尺寸僅有 0.5m^2 左右，身體緊貼在一起。

根據該發現，我們猜測鸚鵡嘴龍採取群居生活，並且會養育孩子。

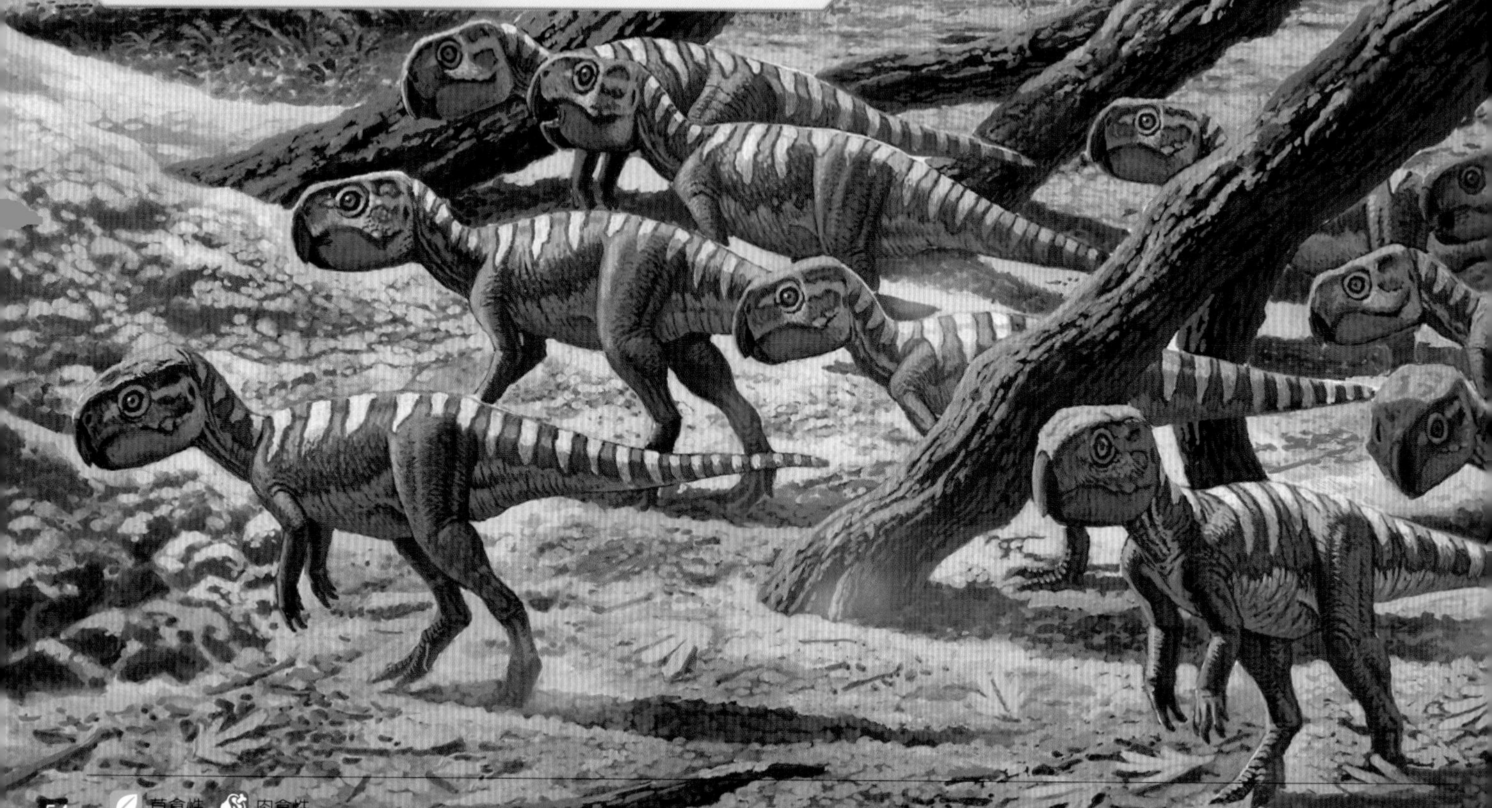

胃石的作用

鸚鵡嘴龍化石的腹部內有很多小石頭。這些石頭稱作「胃石」，經常會在草食性恐龍化石中發現。恐龍吃下去的石頭會在胃裡碰撞、磨碎質地堅硬的植物，具有幫助消化的作用。

Q&A Q. 鸚鵡嘴龍幼龍的尺寸？ A. 測量幼龍化石後，得知體長約為 23cm。

原始的角龍族群②

隱龍 1.2m

Yinlong 隱藏的龍

少數生長於侏羅紀時期的角龍。頭骨後方稍微向上生長，很像是較短的頭盾。擁有角龍特有的喙部，上顎嘴部前端有牙齒。

生存期間 三疊紀 侏羅紀 白堊紀

古角龍 1.3m

Archaeoceratops 來自遠古時期的有角面孔

沒有角，頭部後方有較短的頭盾。擁有喙部，嘴部前端有牙齒。是在日本與中國共同進行的絲路恐龍調查中所發現。

生存期間 三疊紀 侏羅紀 白堊紀

遼寧角龍 0.6m

Liaoceratops

來自遼寧（中國地名）的有角面孔

在角龍當中體型最小，僅有約野兔大小。處於從初期角龍演化成像是三角龍般大型角龍分界點的角龍。

生存期間 三疊紀 侏羅紀 白堊紀

紅山龍 1.2m

Hongshanosaurus

紅山（中國古代文化名稱）的蜥蜴

已發現幼龍與成年龍的頭骨。推測其尾部應有毛髮生長。

生存期間 三疊紀 侏羅紀 白堊紀

朝鮮角龍 1.8m 2010年發表

Koreaceratops 來自韓國的有角面孔

初次於亞洲東北部發現的角龍族群。尾部長得像鰭，可能相當善泳、能狩獵水中生物。

生存期間 三疊紀 侏羅紀 白堊紀

草食性 肉食性

安琪洛浦龍 0.6m 2014年發表 *Aquilops* 有皺紋的面孔

特徵是齒顎前端有節瘤。已有證據顯示這些原始的角龍族群，曾在白堊紀前期從亞洲跨越至美洲。

生存期間 三疊紀 侏羅紀 白堊紀

朝陽龍 1.1m

Chaoyangsaurus 朝陽（中國地名）的蜥蜴

在侏羅紀地層中發現其化石。從該發現得知角龍生存在比白堊紀更早的侏羅紀時期。

生存期間 三疊紀 侏羅紀 白堊紀

Q. 甲龍會採群居生活嗎？ **A.** 已發現很多聚集在一起的化石，視為牠們會採群體生活的證據。

原角龍族群

小林博士的重點整理！

原角龍族群擁有發達的頭盾以及有力量的齒顎！推測隨著頭部逐漸大型化，牠們開始以四足方式步行。也出現了像是祖尼角龍等具有犄角的恐龍呢！

原角龍 2.5m

Protoceratops 最早的有角面孔

在戈壁沙漠發現幼龍到成年龍的眾多骨骼化石，以及超過一百具完整頭骨。推測牠們應該是採群體生活、會築巢、養育孩子。原始的角龍擁有大型頭盾。

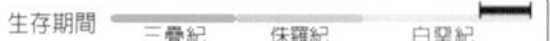

恐龍的成長

目前已經發現許多原角龍的頭骨。可以得知從剛出生到成年龍為止，頭骨與齒顎的變化。

成年的原角龍臉頰突出、頭盾長在頭骨兩側。

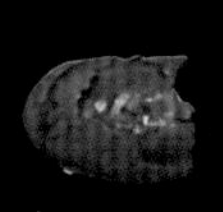
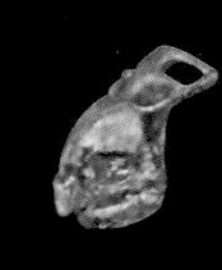
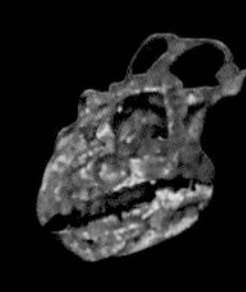
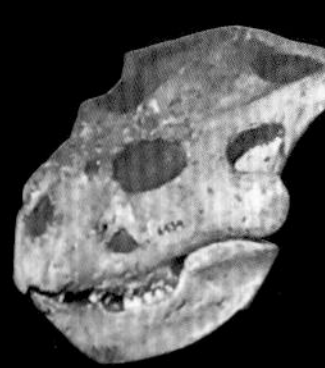
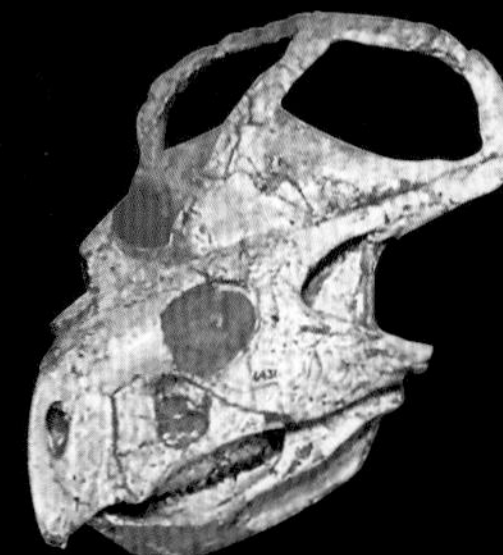
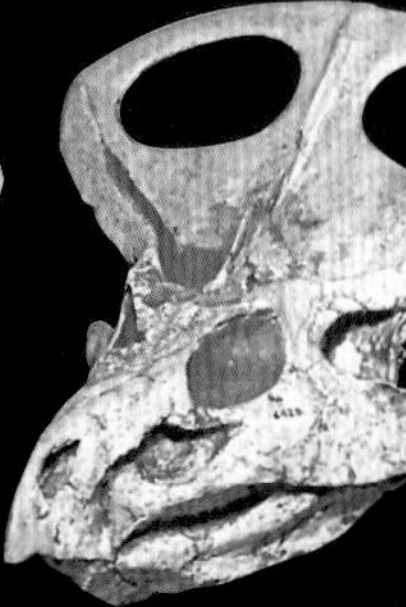

鬥吻角龍 1m

Cerasinops 犄角較小的面孔

沒有犄角、頭盾較小等，具有原始的角龍特徵。大量生存於亞洲的原始角龍族群也曾在美洲發現。

生存期間 三疊紀 侏羅紀 白堊紀

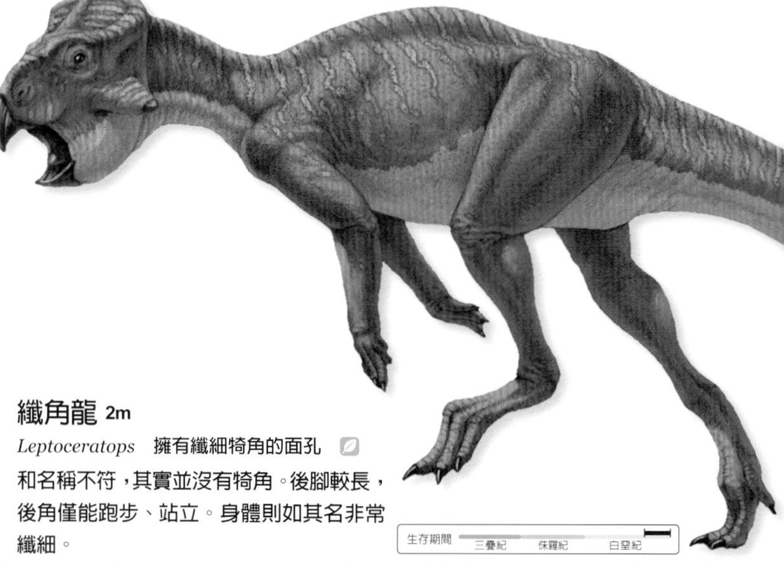

纖角龍 2m

Leptoceratops 擁有纖細犄角的面孔

和名稱不符，其實並沒有犄角。後腳較長，後角僅能跑步、站立。身體則如其名非常纖細。

生存期間 三疊紀 侏羅紀 白堊紀

草食性 肉食性

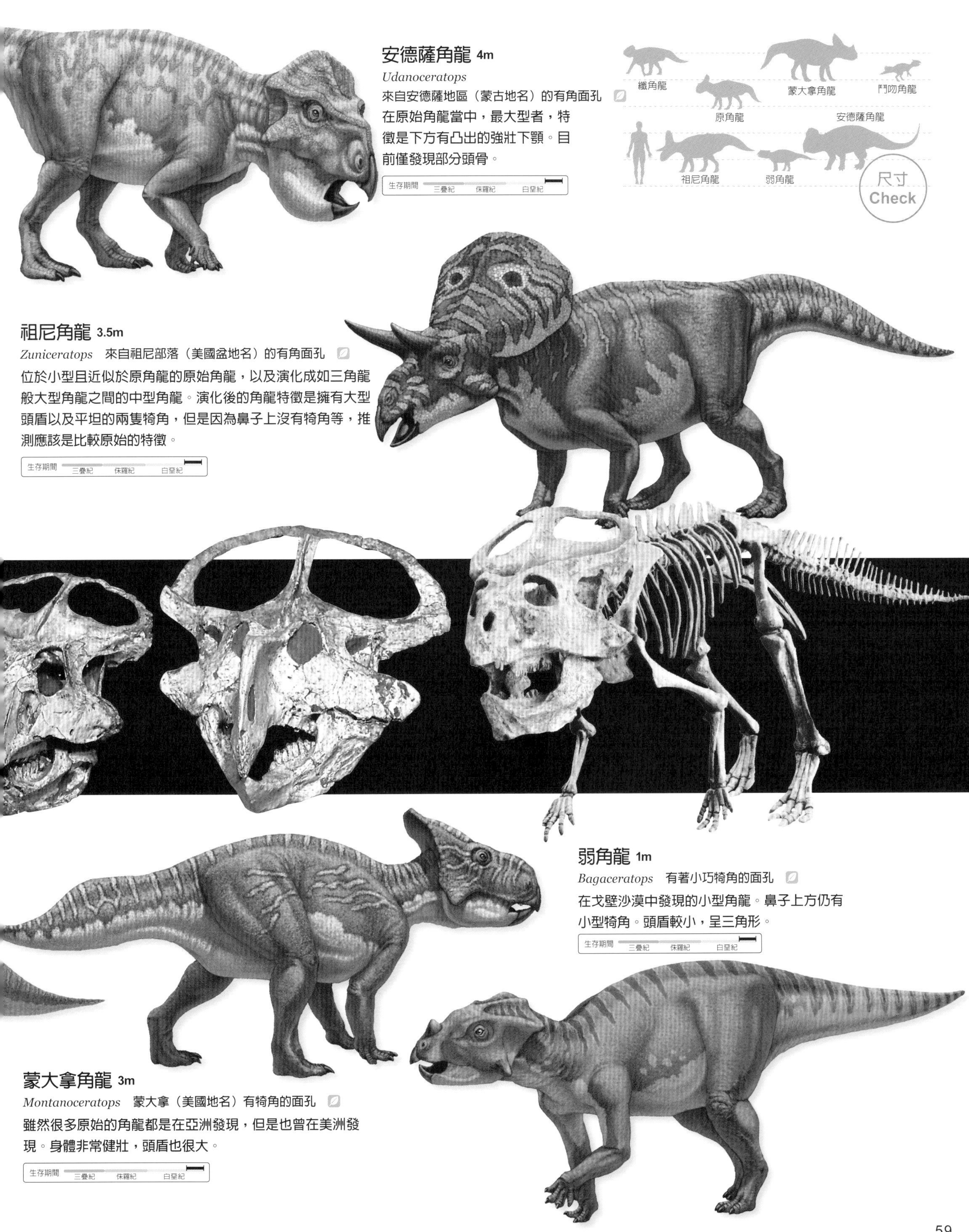

安德薩角龍 4m

Udanoceratops
來自安德薩地區（蒙古地名）的有角面孔

在原始角龍當中，最大型者，特徵是下方有凸出的強壯下顎。目前僅發現部分頭骨。

生存期間 三疊紀 侏羅紀 白堊紀

祖尼角龍 3.5m

Zuniceratops 來自祖尼部落（美國盆地名）的有角面孔

位於小型且近似於原角龍的原始角龍，以及演化成如三角龍般大型角龍之間的中型角龍。演化後的角龍特徵是擁有大型頭盾以及平坦的兩隻犄角，但是因為鼻子上沒有犄角等，推測應該是比較原始的特徵。

生存期間 三疊紀 侏羅紀 白堊紀

弱角龍 1m

Bagaceratops 有著小巧犄角的面孔

在戈壁沙漠中發現的小型角龍。鼻子上方仍有小型犄角。頭盾較小，呈三角形。

生存期間 三疊紀 侏羅紀 白堊紀

蒙大拿角龍 3m

Montanoceratops 蒙大拿（美國地名）有犄角的面孔

雖然很多原始的角龍都是在亞洲發現，但是也曾在美洲發現。身體非常健壯，頭盾也很大。

生存期間 三疊紀 侏羅紀 白堊紀

尖角龍族群①

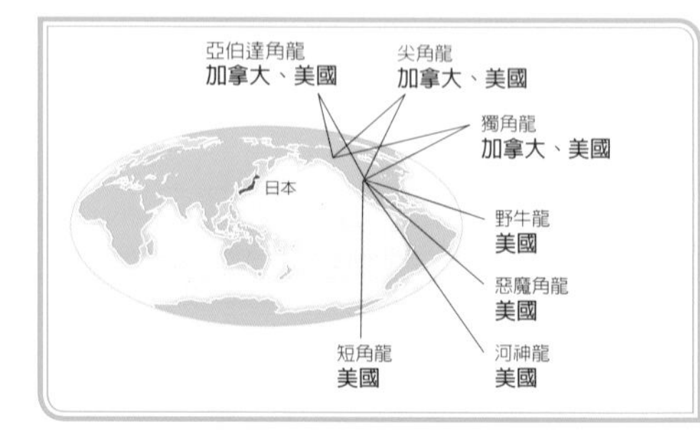

小林博士的重點整理！

很多尖角龍族群的鼻子上都有一隻犄角！眼睛上方的犄角較小，或是沒有犄角。頭盾雖然不大，但是有些頭盾的邊緣長有犄角。

亞伯達角龍 7m

Albertaceratops 亞伯達（加拿大地名）的有角面孔

和許多尖角龍族群不同，眼睛上方有兩隻犄角。鼻子上有節瘤。

生存期間 三疊紀 侏羅紀 白堊紀

野牛龍 6m

Einiosaurus 野牛蜥蜴

鼻子上的犄角向下彎曲，彷彿像是一個大型開罐器。頭盾上有兩隻長犄角。

生存期間 三疊紀 侏羅紀 白堊紀

河神龍 6m

Achelousaurus 阿刻羅俄斯（希臘神話的神名）的蜥蜴

鼻子與眼睛上方沒有犄角，而是有皺紋的節瘤。推測該節瘤會變化成犄角。頭盾外側長有兩隻彎曲的犄角。近似於厚鼻龍。

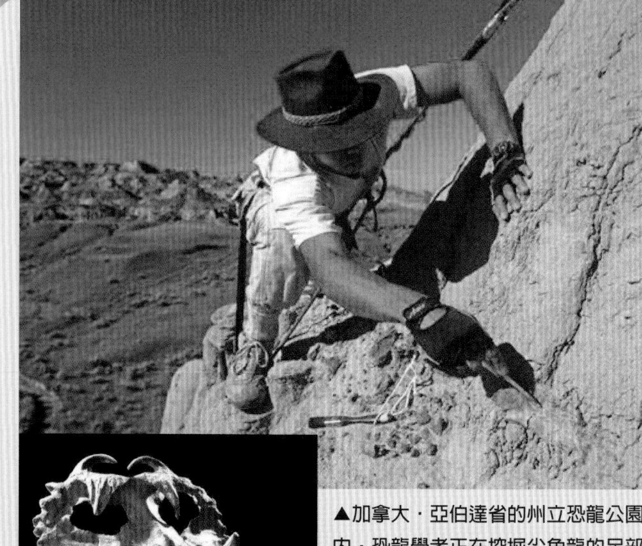

▲加拿大．亞伯達省的州立恐龍公園內，恐龍學者正在挖掘尖角龍的足部化石。由於在山崖邊，必須吊著繩索進行。

◀尖角龍的頭骨。特徵是頭盾的犄角會向上翹起。

草食性 肉食性

短角龍 3m

Brachyceratops 擁有短角的面孔

僅發現五具左右，尚未成年龍的骨骼。雖然都不是很完整，但都是出生在同一個巢穴中的恐龍。眼睛與鼻子上有小型的犄角。

生存期間 三疊紀 侏羅紀 白堊紀

惡魔角龍 5.5m 2010年發表

Diabloceratops 擁有惡魔角的面孔

頭盾上有兩隻犄角，看起來像是一張擁有惡魔角的面孔，故以此命名。特徵是眼睛上方長有犄角，在尖角龍族群中相當少見。

生存期間 三疊紀 侏羅紀 白堊紀

尖角龍 6m

Centrosaurus 擁有尖角的蜥蜴

特徵在頭盾上。曾在加拿大的亞伯達省發現許多化石。據說還有一萬具的化石躺在那裡。推測應該是群體要橫渡寬大的河川時，被水沖倒、溺斃。

生存期間 三疊紀 侏羅紀 白堊紀

Q&A Q. 角龍是用怎樣的速度步行的呢？ A. 平均時速 **2 ～ 4km**，奔跑時速可達 **30 ～ 35km**。

尖角龍族群②

戟龍 5.5m

Styracosaurus 尖角蜥蜴

第一次在加拿大發現、頭骨完整的角龍。頭盾周圍有六隻長犄角，相當醒目。

生存期間 三疊紀 侏羅紀 白堊紀

躲避山林火災的戟龍

曾在河川附近發現戟龍的化石群。可能是為了躲避山林火災時遇上洪水，群體一起溺斃。

厚鼻龍 7m

Pachyrhinosaurus

擁有厚實鼻子的蜥蜴

鼻子上方、兩眼中間沒有犄角只有疙瘩狀的節瘤。頭盾後方與中央部位有小犄角。推測這些犄角可以做為區分族群的標記。

生存期間 三疊紀 侏羅紀 白堊紀

愛氏角龍 2.3m

Avaceratops *Ava*（人名）的有角面孔

小型角龍。以最早發現該化石的 Eddie Cole 髮妻名字命名。

生存期間 三疊紀 侏羅紀 白堊紀

尺寸Check

厚鼻龍 中國角龍 大鼻角龍 戟龍 愛氏角龍

中國角龍 6m 2010年發表

Sinoceratops 中國的有角面孔

位於中國的中型角龍。鼻子上有一隻犄角，頭盾上長著一個像皇冠般向前彎曲的犄角。

生存期間 三疊紀 侏羅紀 白堊紀

大鼻角龍 4.8m 2013年發表

Nasutoceratops 擁有大鼻角的臉孔

特徵是前方有兩隻大犄角，鼻子上有大節瘤。鼻子上的節瘤或許是一個空氣囊，但是無法明確得知究竟有什麼作用。

生存期間 三疊紀 侏羅紀 白堊紀

小林博士的 原來如此！小專欄

角龍的新發現（Michael Ryan）

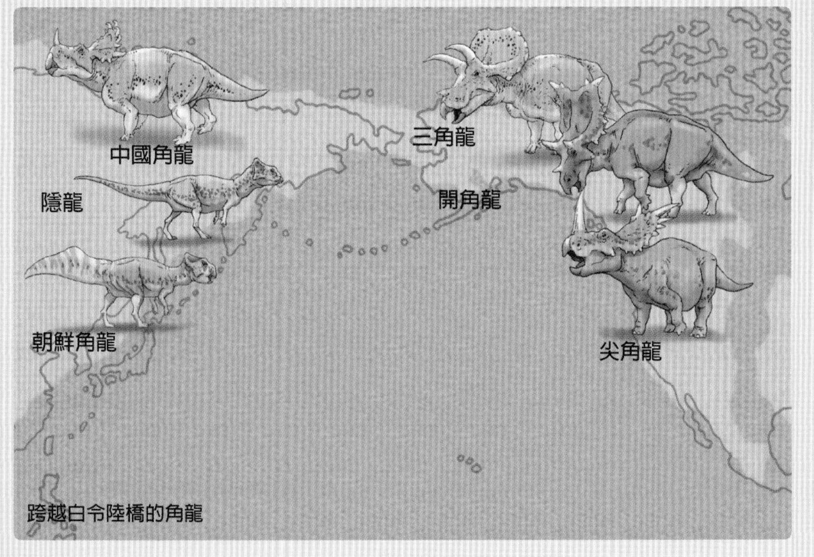

從亞洲跨越至美洲的角龍

目前所知最早被發現的角龍是在侏羅紀後期登場的隱龍。角龍族群不斷地在亞洲地區演化。就像在韓國發現的朝鮮角龍般，原始的角龍身型小，頭上沒有頭盾也沒有犄角。

到了白堊紀前期，角龍族群移動到美洲大陸。演化成為三角龍、尖角龍及開角龍等大型角龍。

牠們是如何從亞洲移動到美洲大陸的呢？有些學者認為當時的白令海峽應該還是陸地，所以可以從敘利亞步行到美洲大陸，也曾在匈牙利發現角龍的化石，因此有研究者認為應該是從亞洲，穿越歐洲後抵達美洲大陸。

似乎也有從美洲大陸再回到亞洲的角龍。在中國發現的中國角龍，即被認為是在美洲大陸演化成為大型角龍後再回到亞洲的。

三角龍族群①

小林博士的重點整理！

角龍是在白堊紀後期的北美洲開始大型化的！三角龍族群的特徵是擁有大型頭盾，眼睛上方幾乎都有兩隻犄角，鼻子上方有一隻短犄角。

三角龍 8～9m

Triceratops 擁有三隻犄角的臉孔

是與暴龍等肉食性恐龍同樣生存到白堊紀末期的最大型角龍。擁有三隻犄角、力氣強大的齒顎、堅固的頭盾。頭盾具有可防禦敵人攻擊重要頸部的功用。

Q 雄雌角龍都有頭盾嗎？

A. 雄雌都有，但是雄性的頭盾看起來比較氣派，也比較華麗。

三角龍族群②

鳥臀類●角龍類

三隻犄角

三角龍族群，包含其他種類都是在幼龍時期就擁有三隻犄角。隨著成長，頭盾等部位更加發達，才顯現出外觀上的差異。

準角龍 6m

Anchiceratops 近似於有犄角的恐龍

頭盾大，邊緣排列著三角形的骨頭。尾部短小。

生存期間 三疊紀 侏羅紀 白堊紀

 草食性  肉食性

三角龍的全身骨骼

所謂三角龍即是「有三隻犄角的面孔」。如其名稱，鼻子上有一隻犄角、眼睛上有兩隻長犄角。據說族群之間會利用這三隻犄角逞兇鬥狠，雄性之間也會為了雌性三角龍而互相競爭。實際上，在三角龍的頭骨化石上，就可以看到很多應該是被同伴戳傷的痕跡。

Q&A **Q.** 三角龍的頭盾尺寸為何？ **A.** 頭部長度據說有 **2.4m**。頭盾尺寸占了一半。

三角龍族群③

科阿韋拉角龍 6.7m 2010年發表

Coahuilaceratops

科阿韋拉州（墨西哥地名）有犄角的面孔

初次在墨西哥發現的角龍。眼睛上方的兩隻犄角非常長，可達 1.2m。

生存期間 三疊紀 侏羅紀 白堊紀

始三角龍 9m

Eotriceratops 黎明期的三角龍

在比三角龍更古老的地層中發現，故以此命名。是處於生存在更遠古時代的準角龍與三角龍之間的角龍。

生存期間 三疊紀 侏羅紀 白堊紀

開角龍 6m

Chasmosaurus 孔洞大開的蜥蜴

特徵是擁有很華麗的頭盾。頭部只能上下左右轉動，可以威嚇從正面靠近的敵人。頭盾骨骼正中央，有兩個大洞，可以減輕頭部的負擔。已知牠們會採取群體生活。

生存期間 三疊紀 侏羅紀 白堊紀

草食性 肉食性

無鼻角龍 8m

Arrhinoceratops 鼻子上沒有犄角的面孔

最初是因為鼻子上沒有犄角而命名，後來發現其鼻子上還是有小型犄角。眼睛上方有長且尖銳的犄角。

生存期間 三疊紀 侏羅紀 白堊紀

牛角龍 8m

Torosaurus 孔洞開著的蜥蜴

是在陸地生活的動物當中，擁有最大型頭骨的動物。頭骨長度接近 **3m**，占據頭盾面積的一半以上。是在廣大範圍內皆可發現的恐龍族群。也有專家認為應該是成年的三角龍。

生存期間 三疊紀 侏羅紀 白堊紀

五角龍 8m

Pentaceratops 有5隻犄角的面孔

大型頭盾相當醒目。鼻子上有一隻、眼睛上有兩隻，臉頰上還有兩隻，總共五隻犄角。如果揮動頭盾，對方仍不為所動，就可以用犄角去衝撞、戰鬥。

生存期間 三疊紀 侏羅紀 白堊紀

ZOOM UP! 開角龍的全身骨骼

頭盾上有很大的孔洞，但是應該有皮膚覆蓋著。

Q&A **Q.** 哪一種肉食性恐龍會害怕三角龍呢？　**A.** 生長在同一時代的暴龍族群。

三角龍族群④

彼得胡斯角面龍 5m 2015年發表

Regaliceratops 擁有如王者般犄角的面孔

在三角龍族群裡最醒目，頭盾上有個華麗的像王冠的裝飾品。該項裝飾品應該是為了有助於保護身體。

生存期間 三疊紀 侏羅紀 白堊紀

華麗角龍 4.5m 2010年發表

Kosmoceratops 有裝飾有犄角的面孔

在目前發現的角龍當中，是擁有最多犄角的角龍。頭盾上有十隻、眼睛上有兩隻、臉頰上有兩隻、鼻子上有一隻，總共十五隻犄角。

生存期間 三疊紀 侏羅紀 白堊紀

猶他角龍 7m 2010年發表

Utahceratops

猶他（美國地名）有犄角的面孔

體型健壯的大型角龍，頭骨可達2.3m。推測可能與五角龍是近似族群。

生存期間 三疊紀 侏羅紀 白堊紀

草食性 肉食性

小林博士的 原來如此！小專欄

三角龍是如何站立的呢？

三角龍是廣為人知的恐龍之一，已經發現非常多的化石，是經常受到研究的恐龍。然而，關於其前腳的姿勢，有了一些新發現。

針對三角龍前腳的姿勢與步行方法，有很多的假設。目前為止，我們在博物館內看到很多的復原骨骼都是將其前腳腳趾以全部向前傾的姿勢擺設、復原化石狀態（如右圖照片）。不過，仔細觀察三角龍的前腳骨骼與肌肉處，再研究其動作方式卻發現前腳的指甲要向前傾，其實是有困難度的。

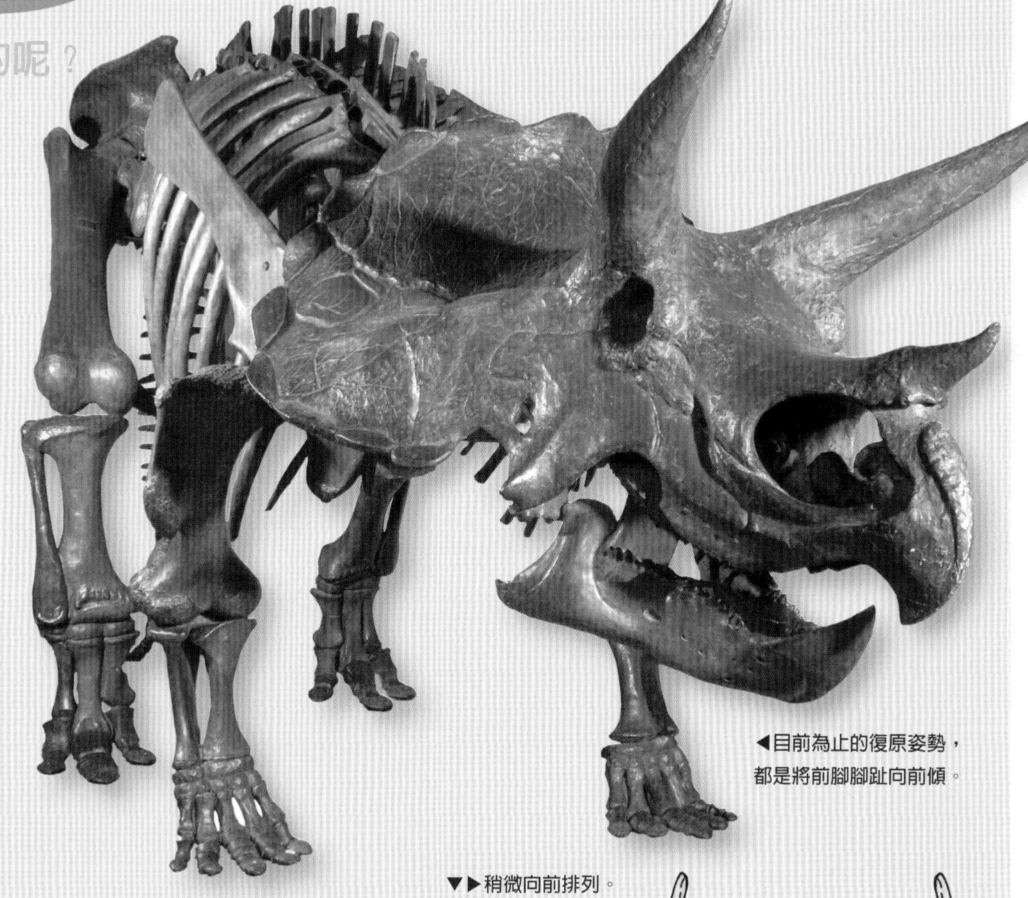

◀目前為止的復原姿勢，都是將前腳腳趾向前傾。

▼▶稍微向前排列。

所以，當時究竟是採取怎樣的姿勢呢？我們在此假設其前腳趾並不是往前傾，而是朝向側邊。像是海獅以及會爬樹的動物們，許多哺乳類的前腳都是向外擴張，以四隻腳步行。所以只要讓前腳的指甲向外，就可以用四隻腳步行。觀察三角龍的前腳構造發現其主要是利用姆趾到中趾的三根腳趾在支撐身體。強壯的姆趾往前傾，牢牢地抓緊地面。

也就是說，三角龍的前腳應該是採取「稍微向前排列」的姿勢。

就像這樣，充分研究恐龍骨骼即可了解牠們身體的動作方式以及姿勢。

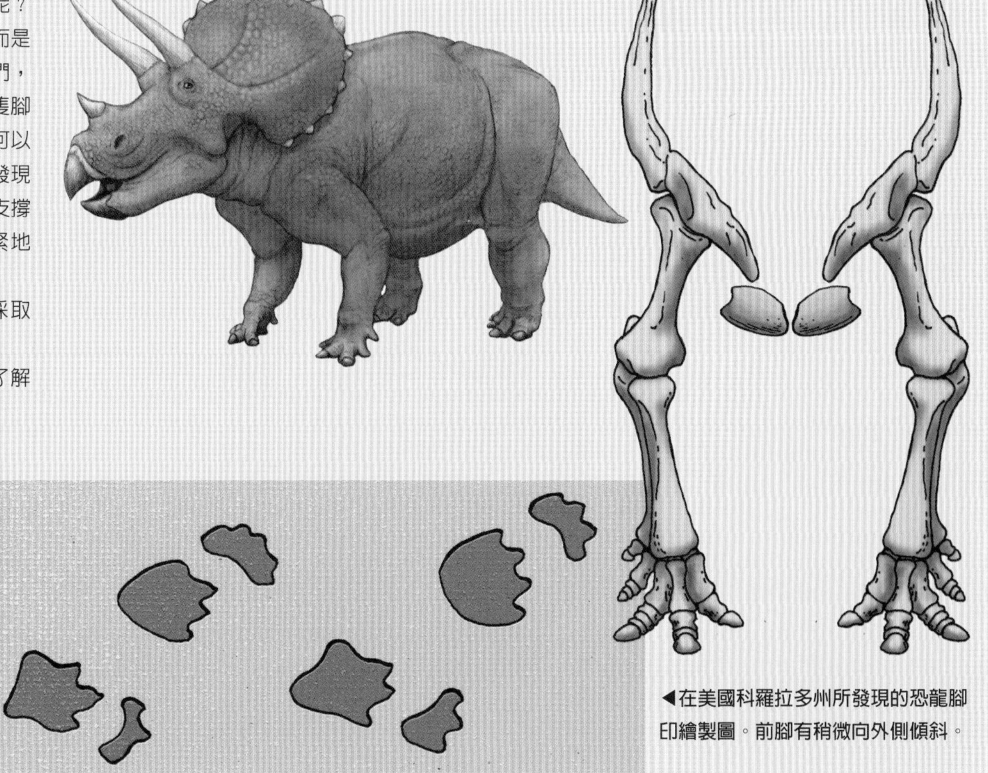

◀在美國科羅拉多州所發現的恐龍腳印繪製圖。前腳有稍微向外側傾斜。

Q. 恐龍有多少種類呢？ A. 目前所知約有 700 ～ 1300 種。實際上應該有數十萬種。

各式各樣的角龍

在北美洲演化的角龍擁有各式各樣形狀的頭盾與犄角。角龍的頭盾與犄角在某些時候可以和肉食性恐龍戰鬥，有些時候也會和同伴打鬥。此外，也有助於和雌性的角龍示愛，或是用來作為區分族群的特徵。

尖角龍族群

很多尖角龍族群的鼻子上都有一隻犄角。此外，有些族群有頭盾也有犄角。

尖角龍

頭盾上有兩隻大型犄角。

厚鼻龍等的鼻子上沒有犄角，取而代之的是瘤狀的骨骼。或許有助於互相衝撞、比力氣。

三角龍族群

三角龍及開角龍族群的鼻子上有一隻犄角、眼睛上有兩隻犄角。此外，也比尖角龍族群擁有更大的頭盾。

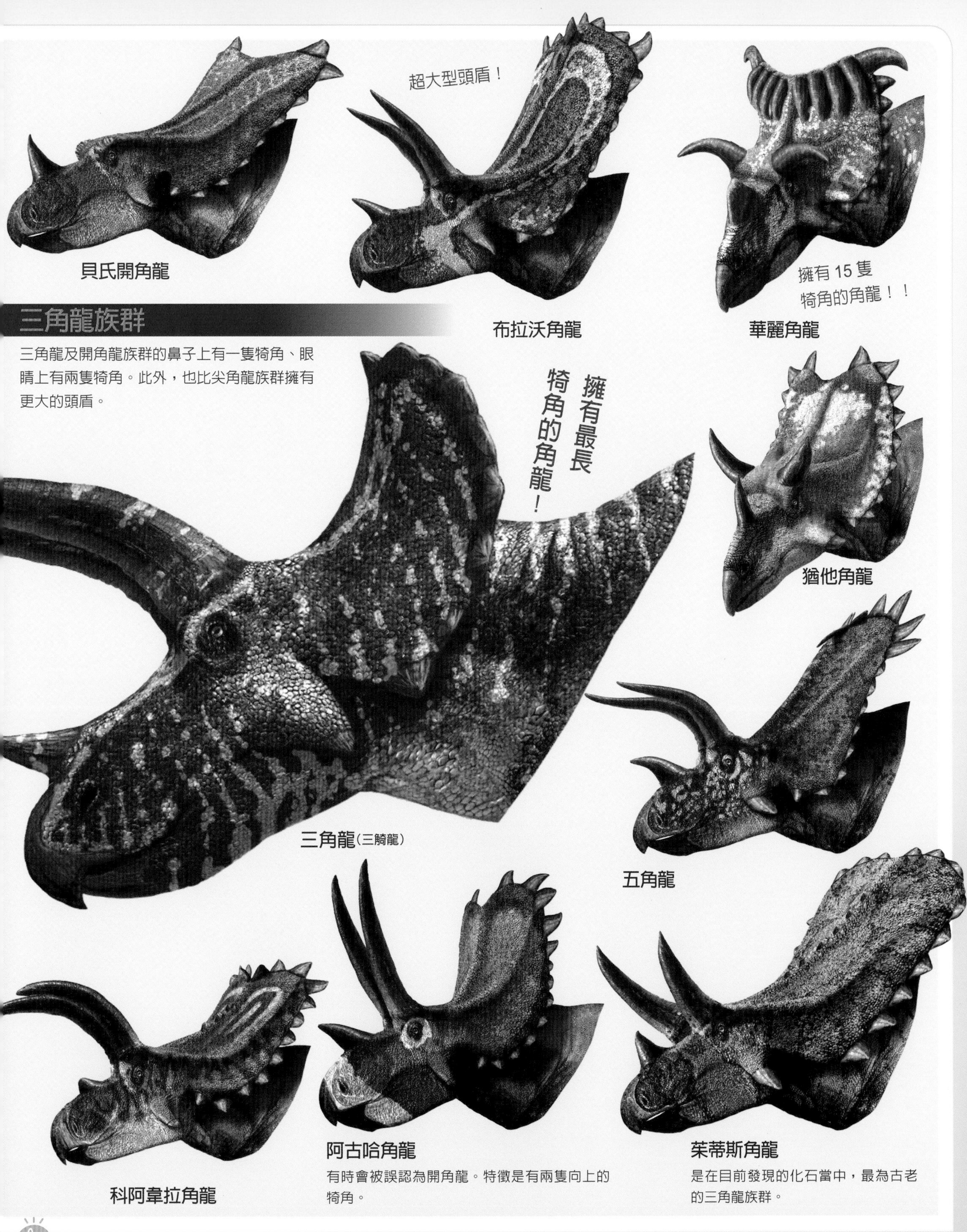

阿古哈角龍

有時會被誤認為開角龍。特徵是有兩隻向上的犄角。

茱蒂斯角龍

是在目前發現的化石當中，最為古老的三角龍族群。

三角龍族群比尖角龍族群的體型更龐大。此外，三角龍一直生存到 **6600** 萬年前大滅絕為止。

稜齒龍族群

小林博士的重點整理！

更原始的鳥腳類族群生存於侏羅紀後期到白堊紀後期，活躍了相當長一段時間。也有分布到南極地帶喔！

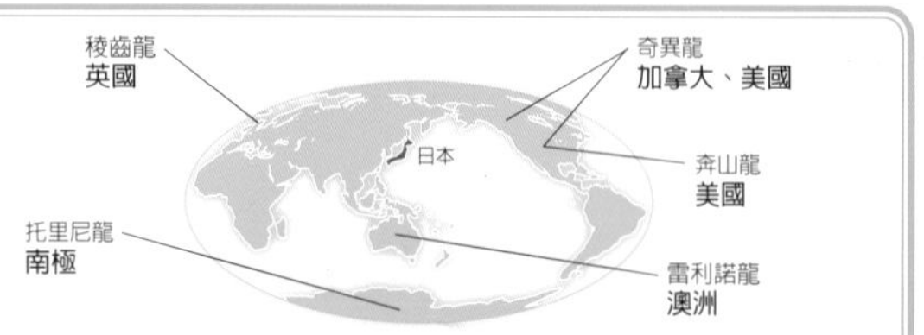

雷利諾龍 2m

Leaellynasaura Leaellyn（人名）的蜥蜴

眼睛很大，已知其掌管腦部視覺神經的部位也很大。當時的澳洲位於南極圈，據說即使在沒有太陽升起的期間，眼睛也能看得清楚。

生存期間 三疊紀 侏羅紀 白堊紀

稜齒龍的頭骨

擁有細長的齒顎，小巧細長的喙部很適合用來挑選、啄食植物。

稜齒龍 2.3m

Hypsilophodon 高丘陵（山型）的牙齒

最早發現的小型鳥腳類。特徵是在小小的頭上有一雙大眼睛。站立時，頭部向上抬起，身體與尾部抬起呈水平，逃離敵人時，會立刻改變身體方向、快速逃跑。

生存期間 三疊紀 侏羅紀 白堊紀

奇異龍 3～4m

Thescelosaurus 應該讓人害怕的蜥蜴

特徵是鼻頭長、頭部小、身體寬大、後腳厚實健壯。曾因發現其心臟的化石，而受到矚目，但是目前許多研究者都表示沒有心臟化石這種東西。

生存期間 三疊紀 侏羅紀 白堊紀

托里尼龍 2.7m

Trinisaura 博士的蜥蜴

第四隻在南極大陸上，被發現的恐龍。與結節龍族群的南極甲龍生存在同一個地區。

生存期間 三疊紀 侏羅紀 白堊紀

奔山龍 2.5m

Orodromeus 山上的短跑健將

曾發現十九顆蛋、幼龍以及成年龍的化石，因此可以得知其成長的狀況。剛孵化的幼龍即可自己步行出去尋找食物。

奔山龍的蛋化石

化石當中，可以看到奔山龍幼龍的骨頭，是相當珍貴的化石。

禽龍族群①

小林博士的重點整理！

是侏羅紀中期到白堊紀後期，最活躍興盛的草食性恐龍族群之一！藉由上顎左右滑動，從臉頰到口腔內部牙齒互相摩擦，即可研磨、食用植物。長得像釘鞋一樣的拇指，或許也可以用來保護自己喔！

草食性 肉食性

禽龍 10m

Iguanodon　美洲鬣蜥的牙齒

寬大的喙部，可以將塞滿在嘴裡的植物磨碎，並且利用排列在臉頰內部的牙齒啃咬植物。前腳拇指有尖刺狀的骨頭，或許曾是用來攻擊敵人的武器。小指可以彎曲，有助於抓取植物等食物。

生存期間　三疊紀　侏羅紀　白堊紀

推測禽龍也可以採用二足步行，但是很多時候其實還是採用四足步行。

禽龍族群②

害怕恐爪龍的腱龍

恐爪龍其實會害怕體型比自己龐大的腱龍，所以推測牠們會採用群體狩獵的方式。

腱龍 8m

Tenontosaurus 有腱的蜥蜴

過去曾歸類在稜齒龍族群，目前被視為原始的禽龍族群。在與恐爪龍化石相同地層中發現相當多的腱龍，牠們或許曾是恐爪龍的主要獵物。

生存期間 三疊紀 侏羅紀 白堊紀

彎龍 5m

Camptosaurus 彎曲的蜥蜴

頭部長且扁平，身體沉重，長相近似於禽龍。後腳有四根腳趾。曾是生存在相同時代、相同地區的肉食性恐龍——異特龍的獵物。

生存期間 三疊紀 侏羅紀 白堊紀

穆塔布拉龍 7m

Muttaburrasaurus

穆塔布拉（澳洲地名）的蜥蜴

外觀近似於禽龍，但是牙齒形狀不同，被視為澳洲獨有的鳥腳類恐龍。鼻子前端有明顯的骨瘤，或許有助於區分不同的族群。

生存期間 三疊紀 侏羅紀 白堊紀

凹齒龍 4.5m

Rhabdodon 有縱溝的牙齒

體型近似於禽龍。有很長一段時間無法判定要歸類在稜齒龍族群還是禽龍族群。根據最近的調查，判定應該是處於兩者之間。

生存期間 三疊紀 侏羅紀 白堊紀

蘭州龍 10m

Lanzhousaurus 蘭州（中國地名）的蜥蜴

特徵是擁有巨大的牙齒，長度可達 **14cm**。是草食性恐龍當中，擁有最大顆牙齒的恐龍。主要採四足步行。

生存期間 三疊紀 侏羅紀 白堊紀

橡樹龍 3～4m

Dryosaurus 樫木蜥蜴

近似於稜齒龍，頭小、身體細長。能用兩隻腳快速奔跑、逃離敵人。根據後腳與牙齒形狀，被歸類為原始的禽龍族群。

生存期間 三疊紀 侏羅紀 白堊紀

初次看到禽龍牙齒時，由於很像草食蜥蜴——美洲鬣蜥的牙齒，因此以「美洲鬣蜥的牙齒」= **Iguanodon** 命名。

禽龍族群③

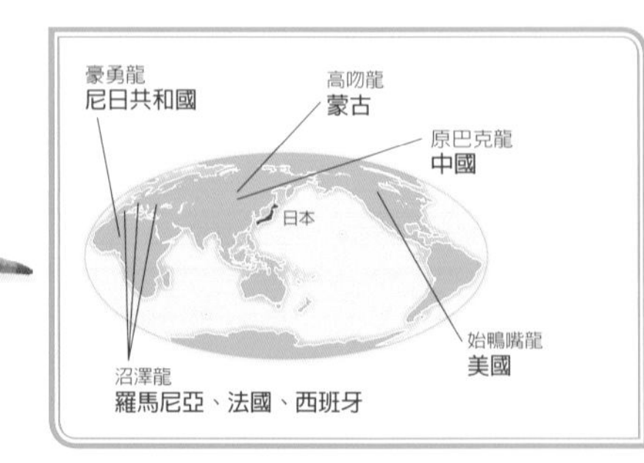

沼澤龍 5m

Telmatosaurus 溼地的蜥蜴

幾乎已發現完整的骨骼。在巴克龍族群中，擁有原始的特徵。

頭骨少有凹凸、相當平坦，嘴部前端狹窄，牙齒數量不多。

生存期間 三疊紀 侏羅紀 白堊紀

高吻龍 8m

Altirhinus 高鼻子

起初被認為是禽龍。特徵是尖嘴、大鼻孔，還擁有相當高聳的鼻頭。

生存期間 三疊紀 侏羅紀 白堊紀

始鴨嘴龍 6m

Protohadros 最早的鴨嘴龍

鼻頭往下垂，是為了能夠吃到長在地面上的植物。寬大的嘴部可以撈起河口溼地帶的水生植物當作食物。

生存期間 三疊紀 侏羅紀 白堊紀

原巴克龍 6m

Probactrosaurus 巴克龍之前的生物

原始的鴨嘴龍族群，骨骼與禽龍相似。牙齒排列方法近似於鴨嘴龍族群。

生存期間 三疊紀 侏羅紀 白堊紀

 草食性  肉食性

豪勇龍 7m

Ouranosaurus 勇敢的蜥蜴

在非洲的撒哈拉沙漠發現。
脊椎上有長形鰭狀突起物，像一片船帆。
頭部長，嘴部扁平寬闊。

小林博士的 原來如此！小專欄

草食性恐龍的牙齒預備換齒

草食性恐龍要攝取充分的營養，必須食用大量的植物。為了食用大量質地堅硬的葉子與果實，牙齒部位其實藏有一些祕密。禽龍族群以及三角龍族群等鳥臀類恐龍的嘴部和鳥喙很像。喙部可以咬斷質地堅硬的植物，齒顎深處的牙齒也可以幫忙切割植物。牙齒重疊排列多層，三角龍有兩百顆以上的牙齒。齒顎深處經常會長出新的牙齒，當牙齒磨損，就會不斷地長出新牙。這種長牙的方式稱作「預備換齒」。草食性恐龍的「預備換齒」能力相當發達，讓牠們得以食用大量質地堅硬的植物。

埃德蒙頓龍的喙部

三角龍的喙部

鴨嘴龍類磨碎植物的能力相當強，上下齒顎的深處有多達兩千顆相似的牙齒。拜這些堅固的牙齒所賜，鴨嘴龍族群能夠快速從這些可食植物中攝取到大量能量。

◀鴨嘴龍類的預備換齒

豪勇龍背部帆狀物的高度可達 1m。推測可以用來調節體溫或是用來區分族群。

禽龍族群④

禽龍的腳印

從後腳的腳印來看，禽龍足部尺寸約為 **50cm**，以三根腳趾抓住地面的方式步行。此外，因為發現了許多腳印，所以得知牠們會採取群體行動。

高志龍 3m 2015年發表

Koshisaurus 越國（福井縣．新瀉縣的古名）的蜥蜴

根據 2008 年所發現的化石齒部特徵，得知是新種的鴨嘴龍族群。當時發現的化石是全長約 3m 的幼體（孩子）。

生存期間 三疊紀 侏羅紀 白堊紀

福井龍 4.7m

Fukuisaurus 福井（日本地名）的蜥蜴

日本首次擁有學名的草食性恐龍。在福井縣勝山市發現了頭骨、齒、脊椎、尾部等的化石。

生存期間 三疊紀 侏羅紀 白堊紀

侏羅紀的化石。利用化石將彎龍害怕異特龍的場景復原出來。

小林博士的 原來如此！小專欄

白堊紀時的福井縣勝山市

推測在白堊紀時期，日本福井縣勝山市曾棲息著大量的福井龍。從幼體（恐龍寶寶）到亞成體（青年恐龍），年齡大小不同的福井龍應該都群居在一起。此外，也曾在被認為是福井龍的骨骼上發現肉食性恐龍的齒痕，顯示周圍可能則有福井盜龍等天敵的目光環視。

彎龍像禽龍一樣沒有強壯的鉤爪，所以在畏懼肉食性恐龍時，只能選擇不戰而走。

鴨嘴龍族群①

小林博士的重點整理！

從禽龍族群演化而成的草食性恐龍。齒顎前端寬廣，嘴部很像鴨子，所以被稱作「鴨嘴龍」！並且還進化出了「預備換齒」的生理機制，能夠有效率地食用大量植物！

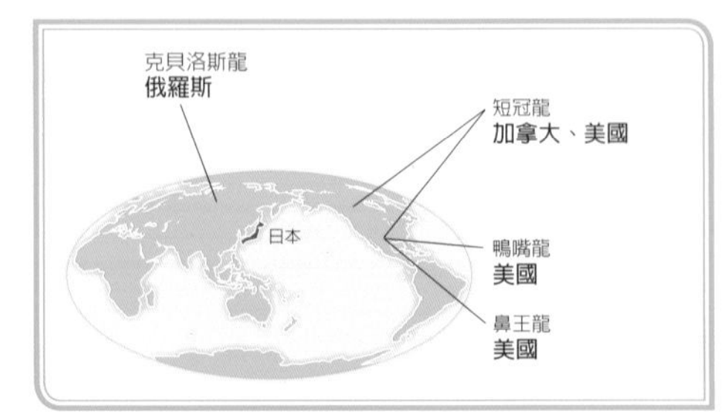

尺寸Check

克貝洛斯龍　鴨嘴龍　短冠龍　獨孤龍　鼻王龍

鴨嘴龍 7～10m

Hadrosaurus　健壯的蜥蜴

最初在北美洲發現，是第一個骨骼被組裝、展示出來的恐龍。當時認為牠們會採用直立如袋鼠般的走路姿勢，現在已知牠們在維持身體平穩的狀態下，可用四隻腳或是兩隻腳步行。

生存期間　三疊紀　侏羅紀　白堊紀

獨孤龍 3m

Secernosaurus　會切割的蜥蜴

在南美洲初次發現的鴨嘴龍族群。被視為與小賁族龍同種。

生存期間　三疊紀　侏羅紀　白堊紀

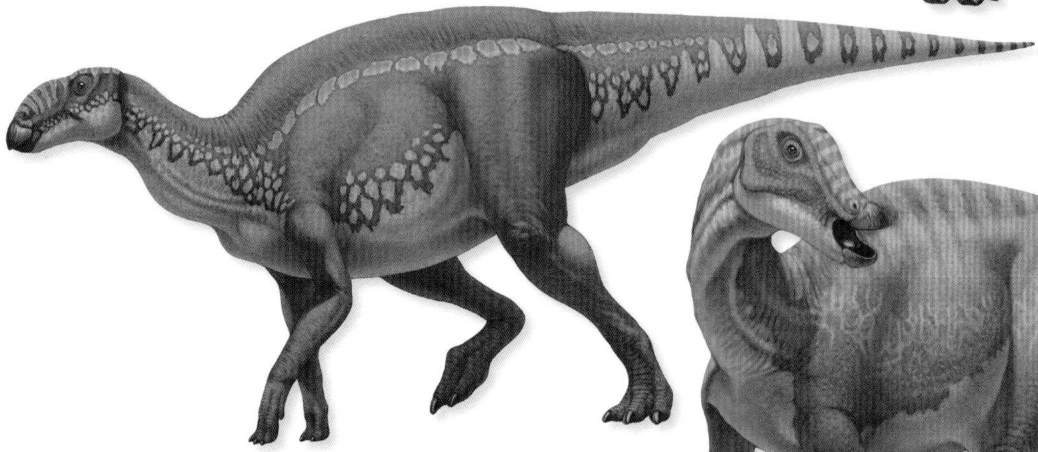

短冠龍 7m

Brachylophosaurus　短頭冠的蜥蜴

接在鼻頭突出的骨頭之後，從額頭到頭頂是平坦如板狀的骨頭，一路連接到臀部後方。和其他鴨嘴龍族群比較起來，特徵是頭骨厚實，擁有修長的前腳。

生存期間　三疊紀　侏羅紀　白堊紀

克貝洛斯龍 9m

Kerberosaurus　地獄大門的守衛蜥蜴

僅發現頭骨。近似於原櫛龍或是櫛龍的物種，目前已知這種恐龍曾從北美洲橫越至亞洲。

生存期間　三疊紀　侏羅紀　白堊紀

草食性　肉食性

小林博士的 原來如此！小專欄

群體生活的恐龍

我們平時在博物館內看到的化石，都是一具一具單獨復原的。然而，事實上恐龍們究竟是如何生活的呢？是像老虎一樣獨居，還是像疏林莽原上的斑馬一樣採取群居生活呢？

曾在美國蒙大拿州同一地點發現許多鴨嘴龍族群——慈母龍的巢穴，推測可能是牠們群體撫育孩子的營巢地。此外，美國阿拉斯加州也曾發現許多鴨嘴龍族群的化石群。其他地方也曾發現過化石群，推測特別是草食性恐龍會為了保護自己孩子不要被肉食性恐龍吃掉而採取群體行動。

禽龍群體移動的模擬圖。

鴨嘴龍族群曾在南美洲、亞洲、歐洲到南極等廣大範圍現蹤。此外，還曾發現數百具的群體化石。

鴨嘴龍族群②

小貴族龍 10m

Kritosaurus 各個不同的蜥蜴

鼻子上方的骨骼高聳，頭頂扁平。
是從北美洲跨越至南美洲的鳥腳類恐龍。

格里芬龍 9m
Gryposaurus 鼻子彎曲的蜥蜴
幾乎都已發現完整的骨骼，歸類在已有諸多研究的鴨嘴龍族群內。特徵是鼻子部位向上隆起。
生存期間
三疊紀
侏羅紀
白堊紀
尺寸 Check
小貴族龍
格里芬龍

鴨嘴龍族群③

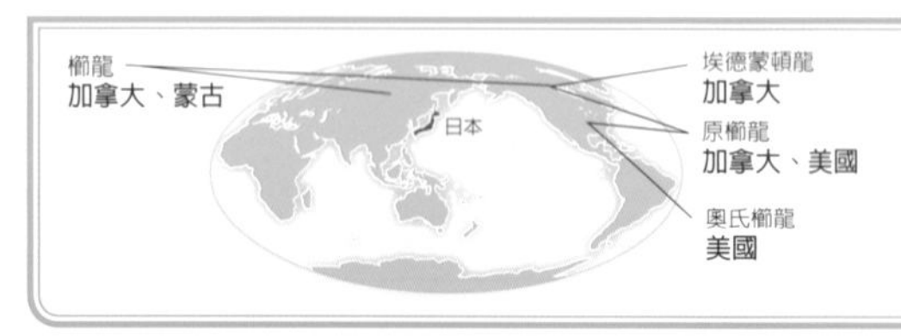

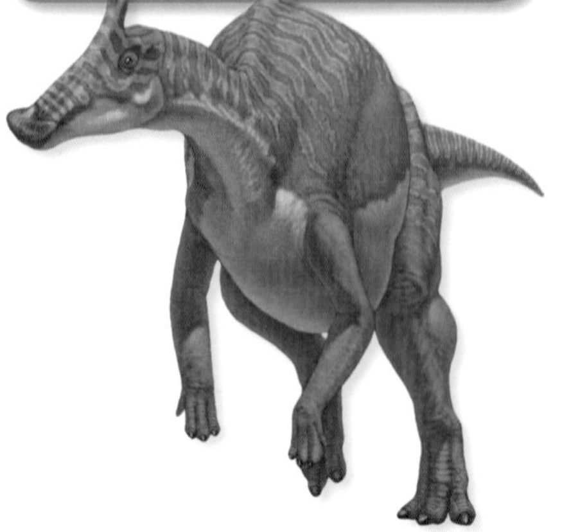

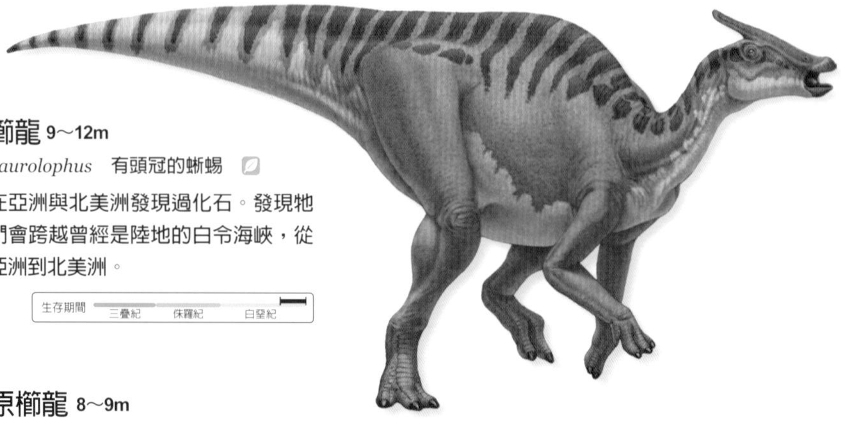

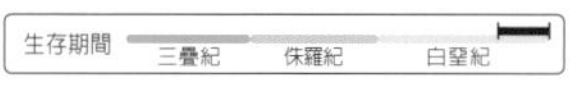

櫛龍 9～12m

Saurolophus　有頭冠的蜥蜴

在亞洲與北美洲發現過化石。發現牠們會跨越曾經是陸地的白令海峽，從亞洲到北美洲。

生存期間　三疊紀　侏羅紀　白堊紀

奧氏櫛龍 8m 2014年發表

Augustynolophus　奧古斯丁（人名）的蜥蜴

1939 年發現時被認為是櫛龍，重新調查其骨骼後發現其頭部的冠狀特徵，才得知是新種恐龍。顯示白堊紀後期的北美洲，曾有各式各樣的恐龍存在著。

生存期間　三疊紀　侏羅紀　白堊紀

原櫛龍 8～9m

Prosaurolophus　在櫛龍之前

比櫛龍更近似於格里芬龍的族群。長形的面孔上有寬廣的喙部，從鼻子到頭部像是貼著一把平坦的鞋拔。

生存期間　三疊紀　侏羅紀　白堊紀

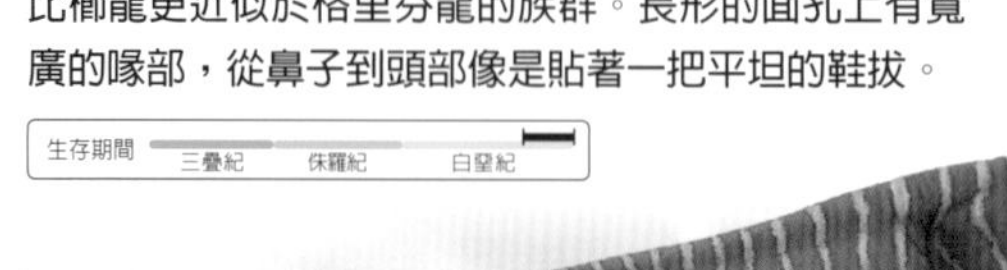

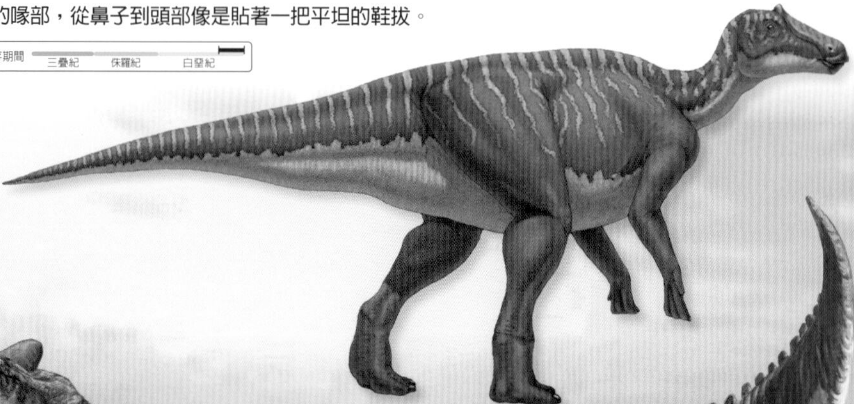

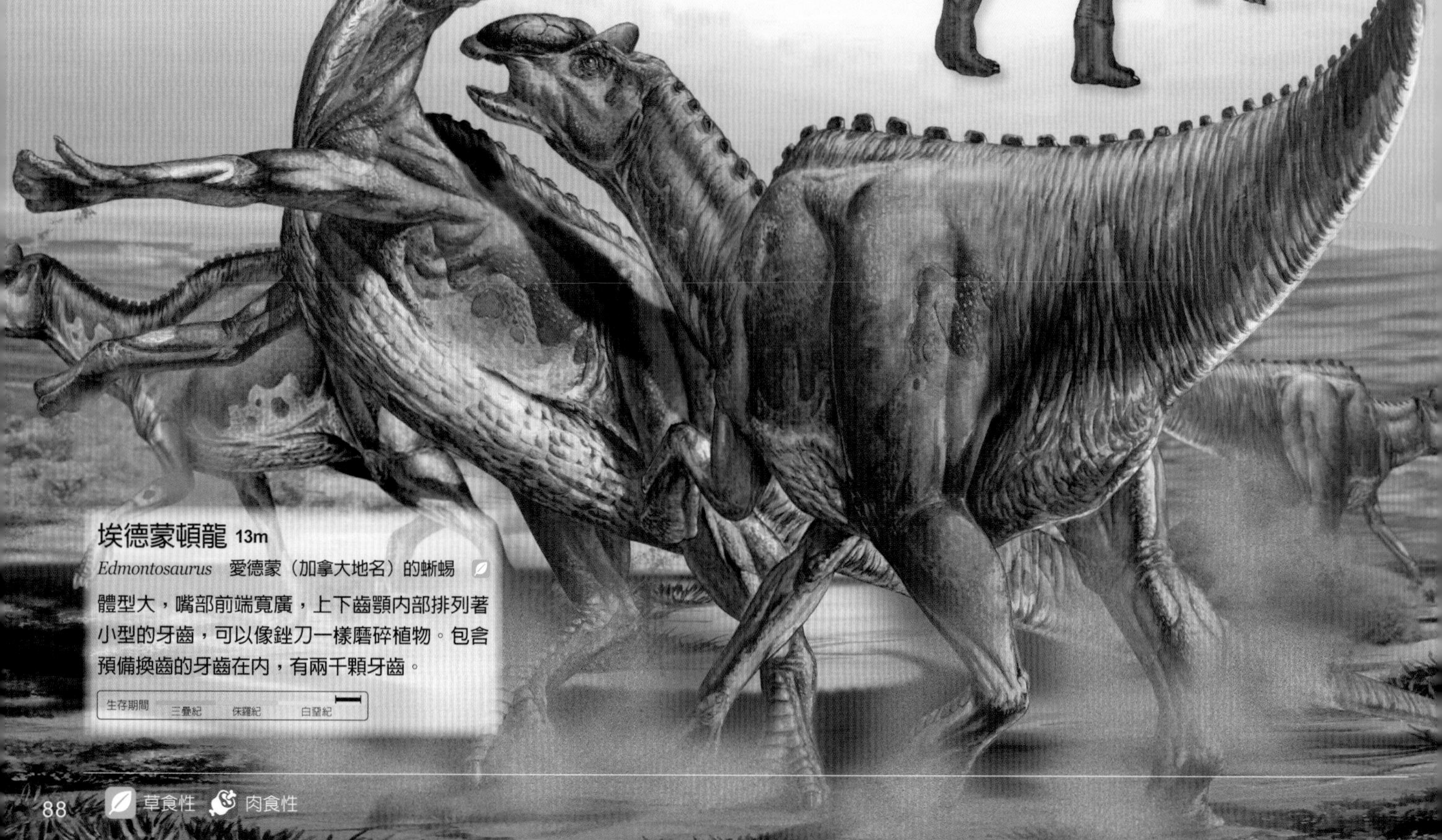

埃德蒙頓龍 13m

Edmontosaurus　愛德蒙（加拿大地名）的蜥蜴

體型大，嘴部前端寬廣，上下齒顎內部排列著小型的牙齒，可以像銼刀一樣磨碎植物。包含預備換齒的牙齒在內，有兩千顆牙齒。

生存期間　三疊紀　侏羅紀　白堊紀

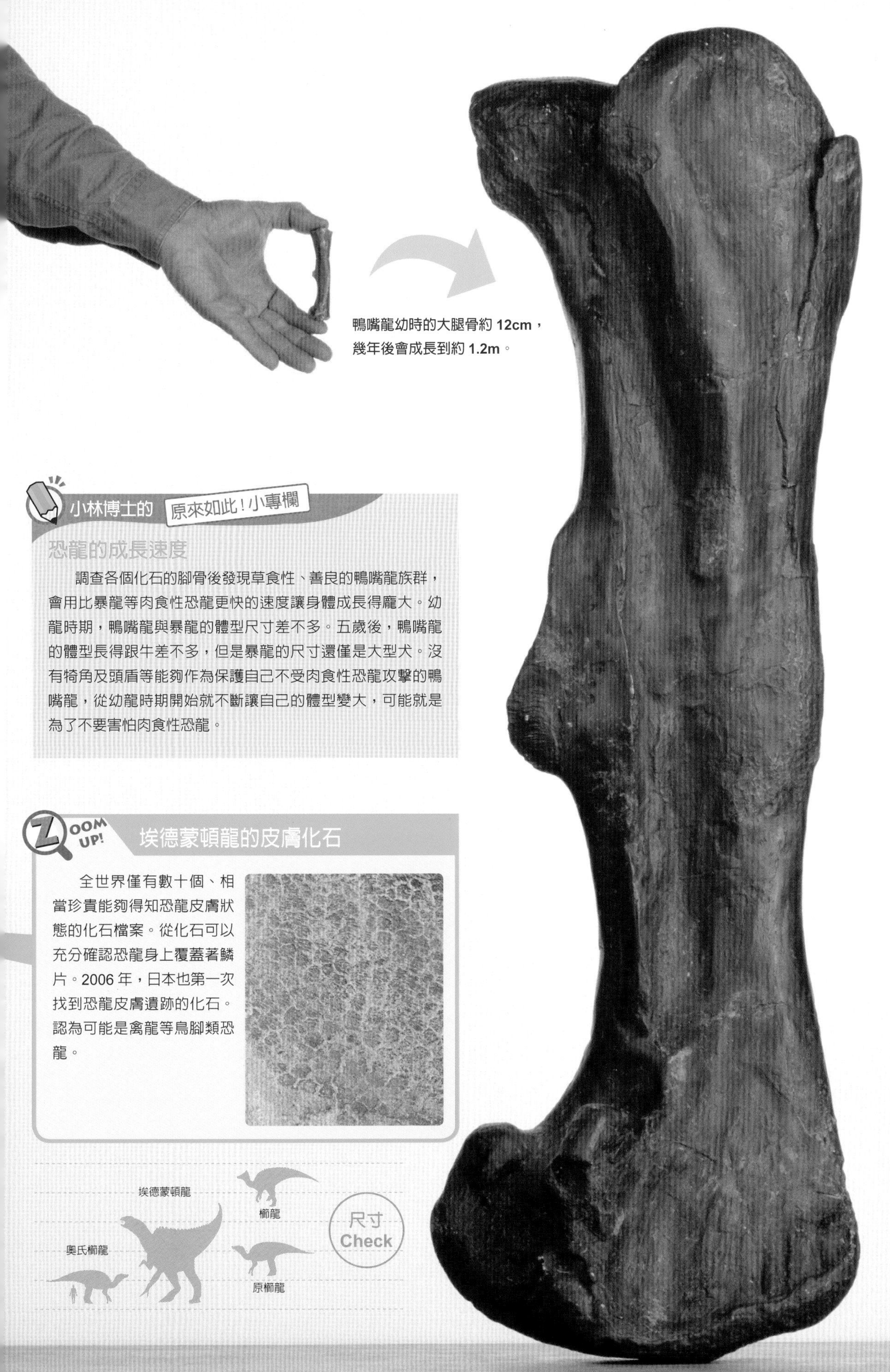

鴨嘴龍幼時的大腿骨約 12cm，
幾年後會成長到約 1.2m。

小林博士的 原來如此！小專欄

恐龍的成長速度

調查各個化石的腳骨後發現草食性、善良的鴨嘴龍族群，會用比暴龍等肉食性恐龍更快的速度讓身體成長得龐大。幼龍時期，鴨嘴龍與暴龍的體型尺寸差不多。五歲後，鴨嘴龍的體型長得跟牛差不多，但是暴龍的尺寸還僅是大型犬。沒有犄角及頭盾等能夠作為保護自己不受肉食性恐龍攻擊的鴨嘴龍，從幼龍時期開始就不斷讓自己的體型變大，可能就是為了不要害怕肉食性恐龍。

ZOOM UP!

埃德蒙頓龍的皮膚化石

全世界僅有數十個、相當珍貴能夠得知恐龍皮膚狀態的化石檔案。從化石可以充分確認恐龍身上覆蓋著鱗片。2006 年，日本也第一次找到恐龍皮膚遺跡的化石。認為可能是禽龍等鳥腳類恐龍。

慈母龍 9m

Maiasaura 好媽媽蜥蜴

眾所周知牠們是一種會養育幼龍的恐龍。曾發現慈母龍的蛋及幼龍巢穴，得知牠們會以群體方式築巢、守護、孵育幼龍。並且認為牠們會依季節不同，而群體移動。

生存期間 三疊紀 侏羅紀 白堊紀

小林博士的 原來如此！小專欄

群體築巢、養育幼龍

眾所周知慈母龍族群會群體築巢、養育孵化出來的幼龍。

父母們會先在柔軟的土或是砂石上挖出凹洞，並且在每個巢穴中分別產下十幾顆蛋。巢穴與巢穴之間的位置僅能容下母親的身體。還會將植物放在蛋的上方，似乎是為了幫蛋保暖。

孵化出的幼龍們不會離開巢穴，只會在巢穴附近活動，由父母照顧牠們。推測幼龍們會在巢穴內待上 8～9 個月。

另一方面，也有學者意見表示幼龍們不一定都能夠達到孵化階段。

Q&A Q. 慈母龍是如何餵食幼龍的呢？ A. 似乎會先吃下食物，再反芻給幼龍

賴氏龍族群①

小林博士的重點整理！

賴氏龍族群的頭上有個冠狀頭飾。各個形狀不同的頭冠，或許剛好可以用來區分族群呢！

日本龍 俄羅斯
副櫛龍 加拿大、美國
日本
賴氏龍 加拿大、美國、墨西哥

日本龍 4m

Nipponosaurus 日本的蜥蜴

1934年當時在日本領土被發現。根據最近的研究，應該是幼龍的化石，雖然被歸類在賴氏龍族群，但是應該更接近亞冠龍。

生存期間 三疊紀 侏羅紀 白堊紀

賴氏龍 15m

Lambeosaurus 賴貝（人名）的蜥蜴

頭冠相當醒目。頭冠會隨著成長逐漸變大。形狀差異可能是雄性或雌性之分，也有學者認為是其他物種。背部隆起。與加拿大古生物學者——勞倫斯．賴博（**Lawrence Morris Lambe**）齊名。

生存期間 三疊紀 侏羅紀 白堊紀

 草食性  肉食性

副櫛龍 11m

生存期間　三疊紀　侏羅紀　白堊紀

Parasaurolophus　近似於櫛龍的蜥蜴

頭部有個向後生長的長形頭冠。長度可達 **1m** 以上。頭冠內部與鼻孔相連，像一根管子。前腳短小強壯，肩胛骨寬大結實。

賴氏龍　副櫛龍　日本龍

尺寸 Check

小林博士的 原來如此！小專欄

會對話的恐龍（David Evans 博士）

賴氏龍族群頭上有個不可思議的突起物。有什麼特殊的作用嗎？

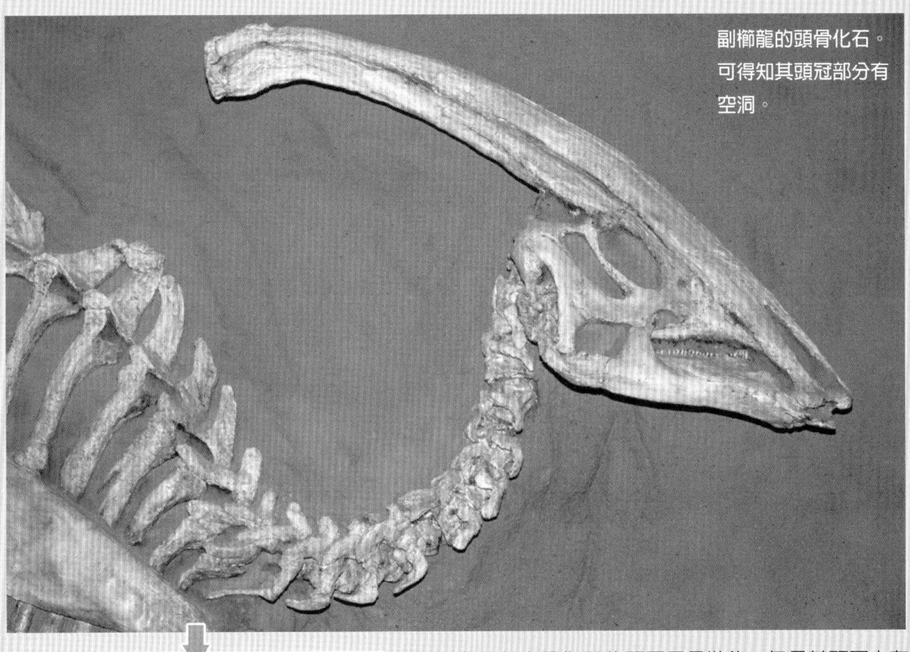

副櫛龍的頭骨化石。可得知其頭冠部分有空洞。

活躍於白堊紀後期的草食性恐龍──賴氏龍族群，頭上有著各式各樣形狀的頭冠。冠龍及亞冠龍的頭冠形狀像一頂安全帽，賴氏龍的頭冠則像一把斧頭。副櫛龍的頭冠也相當有特色，有一根 1m 長的棒狀頭冠往身體後方生長。

這些頭冠究竟扮演著怎樣的角色？是從 20 世紀初發現這些恐龍後欲解開的謎團。

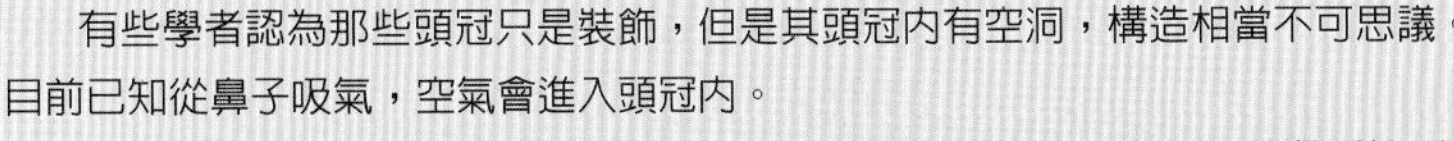

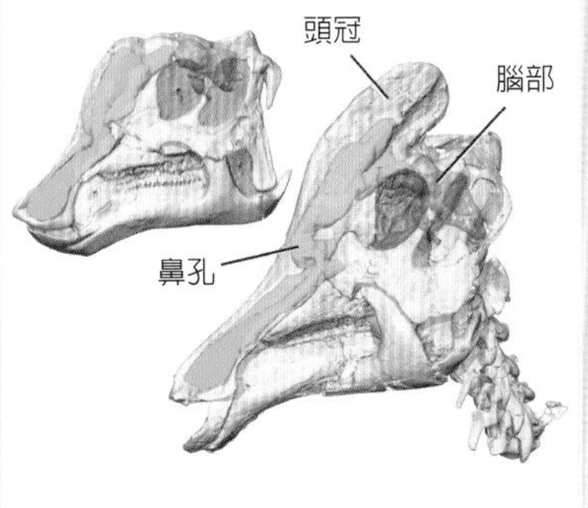

有些學者認為那些頭冠只是裝飾，但是其頭冠內有空洞，構造相當不可思議。目前已知從鼻子吸氣，空氣會進入頭冠內。

過去曾有「能夠聞到更好的味道」、「調節體溫」、「發出聲音」等各種揣測，但是使用電腦斷層掃描（CT 掃描）解析其頭冠及腦部內部後發現賴氏龍的嗅覺並不敏銳，但是聽覺非常好。

特別是具有能夠感知低頻聲音的構造。賴氏龍族群似乎能夠利用頭冠產生低頻聲音，傳遞訊息給同伴。

此外，目前也有學者正在進行使用電腦重現賴氏龍族群與副櫛龍叫聲的相關研究。這些恐龍會使用叫聲或是低頻聲音與同伴對話，或許可以說是具有社會性的生物。

賴氏龍族群的幼龍並沒有頭冠。頭冠會隨著成長，逐漸發達。

賴氏龍族群②

阿穆爾龍 6m

Amurosaurus 黑龍江的蜥蜴

在賴氏龍族群中算是相當原始的恐龍物種。推測原本生存於亞洲地帶的阿穆爾龍等，曾跨越當時陸地還相連的白令海峽，在北美洲演化成副櫛龍及冠龍。

生存期間 三疊紀 侏羅紀 白堊紀

亞冠龍 9m

Hypacrosaurus 幾乎是最高大的蜥蜴

頭冠近似於冠龍，但是比較小。
背部隆起得比其他賴氏龍更高。

生存期間 三疊紀 侏羅紀 白堊紀

 草食性 肉食性

冠龍的頭骨化石

從幼龍成長到成年龍，
頭冠也會跟著變大。

冠龍 10m

Corythosaurus 安全帽蜥蜴

特徵是擁有像安全帽般的半圓形頭冠。內部呈空洞狀，與鼻孔連接。雌性冠龍的頭冠可能比較小。

賴氏龍族群③

卡戎龍 13m

Charonosaurus

卡戎（希臘神話中的冥河守衛）的蜥蜴

在亞洲發現的巨大恐龍。頭骨模樣近似於副櫛龍，都有一個朝向身體後方生長的長形頭冠。似乎會在河川邊建立龐大的群體，共同生活。

生存期間 三疊紀 侏羅紀 白堊紀

青島龍 10m

Tsintaosaurus 青島（中國地名）的蜥蜴

頭部平坦，前方有個看起來像是犄角的頭冠。原本不太確定是否長有頭冠。後來發現了其犄角的化石。

生存期間 三疊紀 侏羅紀 白堊紀

鹹海龍 6～8m

Aralosaurus 鹹海的蜥蜴

僅發現頭骨。鼻子上有特殊造型的骨骼節瘤。頭部後方寬闊，齒顎堅固。

生存期間 三疊紀 侏羅紀 白堊紀

溼地中的扇冠大天鵝龍

推測鴨嘴龍與賴氏龍族群喜歡溼地。事實上，牠們似乎也會生存在溼地地帶，森林、高地等各式各樣環境中。

艾瑞龍 5～6m

Arenysaurus 阿倫（發現的地點）的蜥蜴

在歐洲發現的第一種賴氏龍族群，僅發現部分頭骨。生存到白堊紀末期。

生存期間 三疊紀 侏羅紀 白堊紀

巨保羅龍 12.5m 2012年發表

Magnapaulia 大尾部

具有從頭骨延伸出頭冠特徵的恐龍。1923 年時已被發現，但是近幾年才判定為新種恐龍。

生存期間 三疊紀 侏羅紀 白堊紀

 草食性  肉食性

扇冠大天鵝龍 12m

Olorotitan 巨大的天鵝

大型的賴氏龍族群，特徵是頭部後方有一個長得很像斧頭的頭冠。有十八塊頭骨，頸部很長。

生存期間 三疊紀 侏羅紀 白堊紀

賴氏龍族群手無寸鐵，當遭受肉食性恐龍襲擊，就只能逃走。牠們的腳程似乎相當快速。

發現化石之前

白堊紀時期死亡的恐龍骨骸，是怎麼變成化石的呢？
此外，那些化石又是怎麼發現的呢？
讓我們一窺恐龍死後到發現化石為止的歷程吧！

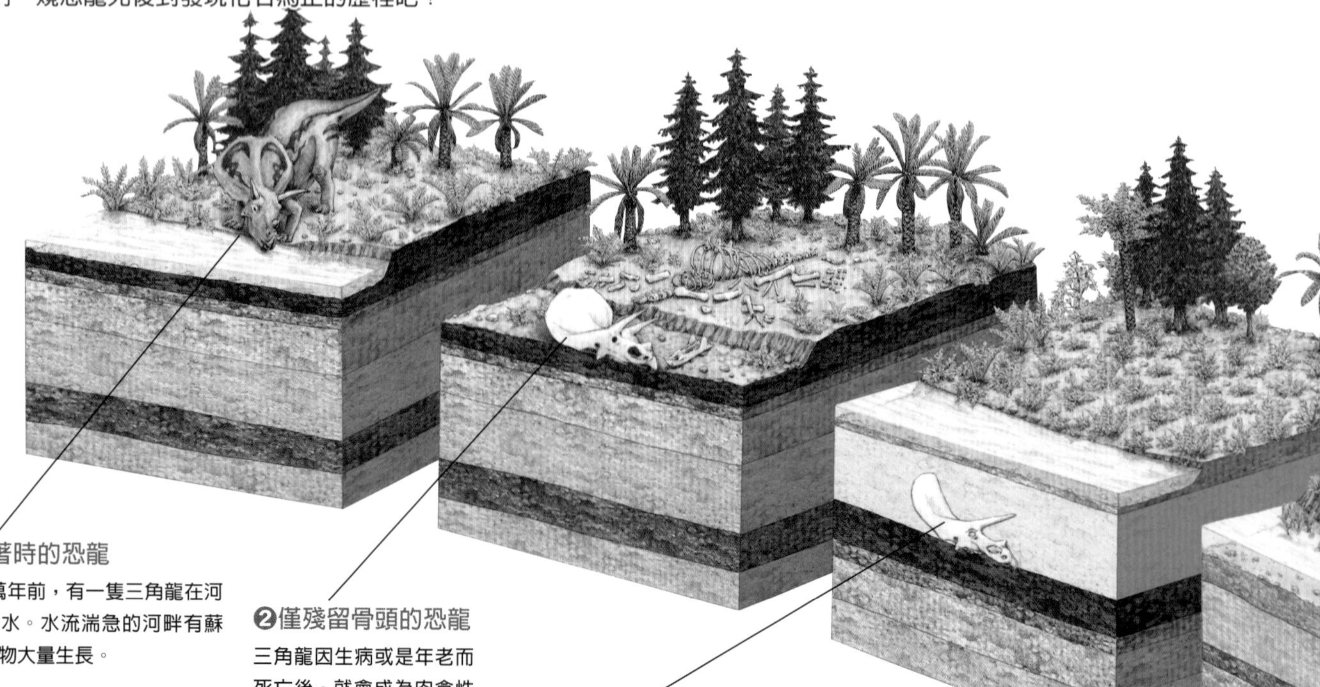

❶活著時的恐龍

7000 萬年前，有一隻三角龍在河川邊喝水。水流湍急的河畔有蘇鐵等植物大量生長。

❷僅殘留骨頭的恐龍

三角龍因生病或是年老而死亡後，就會成為肉食性恐龍的食物。剩下的骨骸會在乾涸的河川底部被砂石所覆蓋。

❸埋沒在地下

三角龍的頭骨被埋在砂石或泥巴下。其他的骨頭四處分散，遺失在頭骨附近。

❹石頭般的化石

三角龍死後，經過了 **2000** 萬年。陸地上已由哺乳類取代恐龍。原本在河川底下的泥砂慢慢變成了岩石，原本掩埋在內的頭骨也成了堅硬的化石。

ZOOM UP! 從岩石中取出化石

可以在日本福井縣立恐龍博物館的無塵室參觀從岩石中取出恐龍化石的作業情形。必須先從巨大岩石中取出化石，並且去除化石表面上的細小砂石。

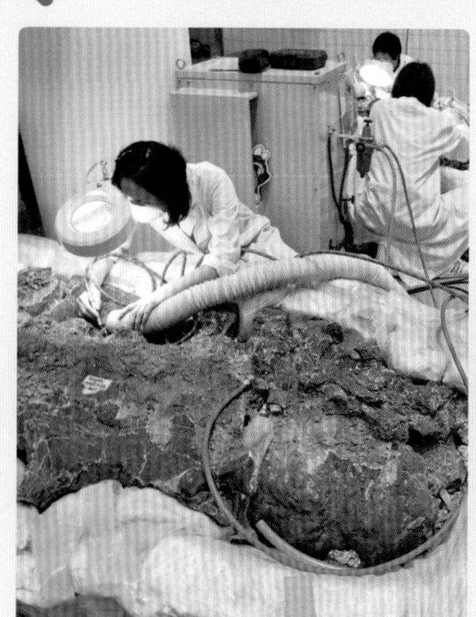

從岩石中取出化石的作業現場

最後整理

ZOOM UP! 糞便也會變成化石

恐龍的糞便也會以化石之姿留存下來。曾發現 40cm、含有細小骨頭的化石，判定應該是暴龍的糞便。但是，就算發現了糞便化石，很多情況下也無從得知排便的恐龍種類。只要能夠鎖定排便的恐龍，就可以得知該恐龍吃了些什麼。

恐龍糞便化石

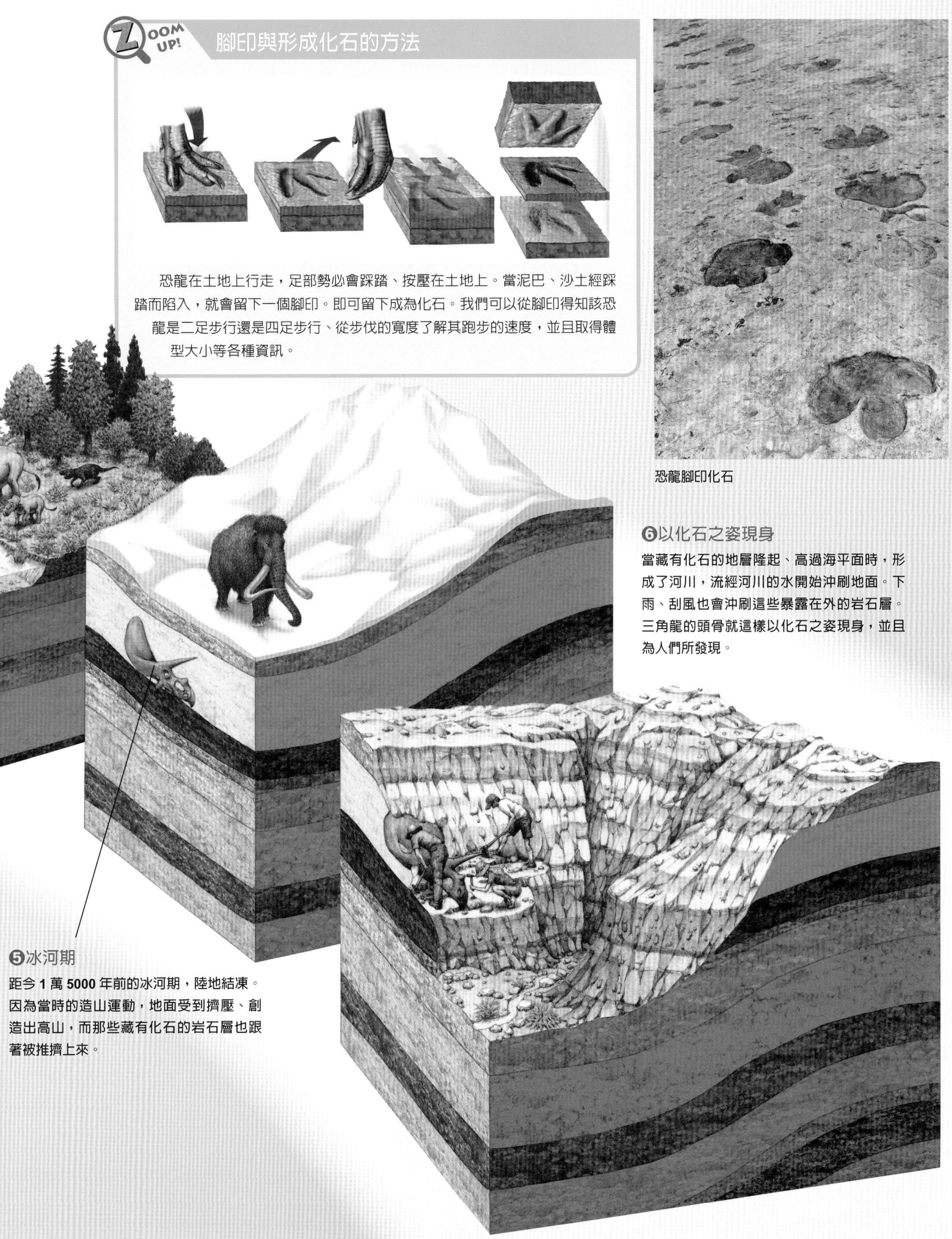

腳印與形成化石的方法

恐龍在土地上行走，足部勢必會踩踏、按壓在土地上。當泥巴、沙土經踩踏而陷入，就會留下一個腳印。即可留下成為化石。我們可以從腳印得知該恐龍是二足步行還是四足步行、從步伐的寬度了解其跑步的速度，並且取得體型大小等各種資訊。

恐龍腳印化石

❻以化石之姿現身

當藏有化石的地層隆起、高過海平面時，形成了河川，流經河川的水開始沖刷地面。下雨、刮風也會沖刷這些暴露在外的岩石層。三角龍的頭骨就這樣以化石之姿現身，並且為人們所發現。

❺冰河期

距今 **1** 萬 **5000** 年前的冰河期，陸地結凍。因為當時的造山運動，地面受到擠壓、創造出高山，而那些藏有化石的岩石層也跟著被推擠上來。

在日本發現的恐龍們

世界各地都曾發現活躍於中生代的恐龍化石。中生代時期的日本地區有很多部分沉在海底，是和現在截然不同的環境，但是日本各地都曾發現恐龍化石。有些化石已經發表了研究結果，或是發表成為新種恐龍。

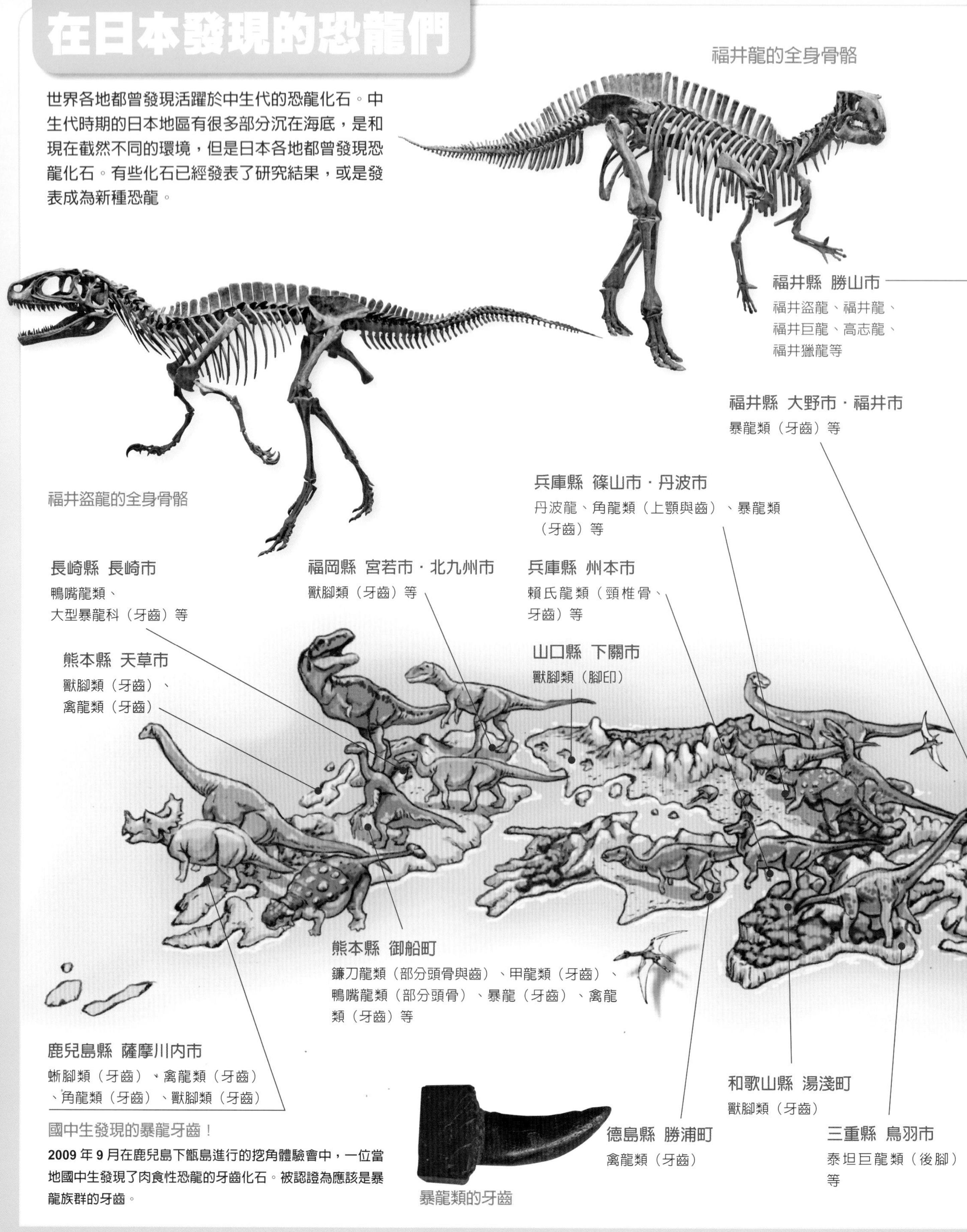

國中生發現的暴龍牙齒！

2009 年 **9** 月在鹿兒島下甑島進行的挖角體驗會中，一位當地國中生發現了肉食性恐龍的牙齒化石。被認證為應該是暴龍族群的牙齒。

暴龍類的牙齒

恐龍化石產地——手取層群

手取層群是跨越富山縣、石川縣、福井縣、崎阜縣的中生代地層。這些地區曾經是亞洲大陸的一部分。從侏羅紀到白堊紀，環境也從內灣的海域，變化成了汽水域、淡水域。我們可以從化石研究中了解恐龍們就是在這樣的環境下健壯地成長。

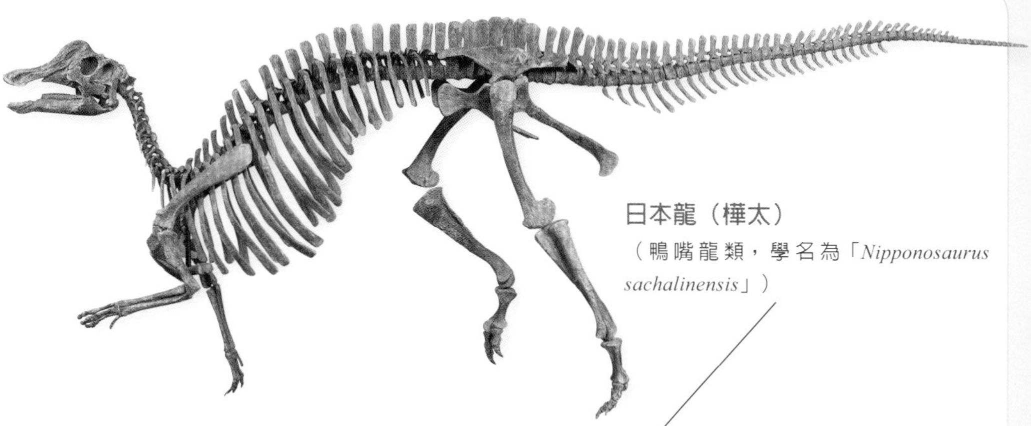

日本龍（樺太）
（鴨嘴龍類，學名為「*Nipponosaurus sachalinensis*」）

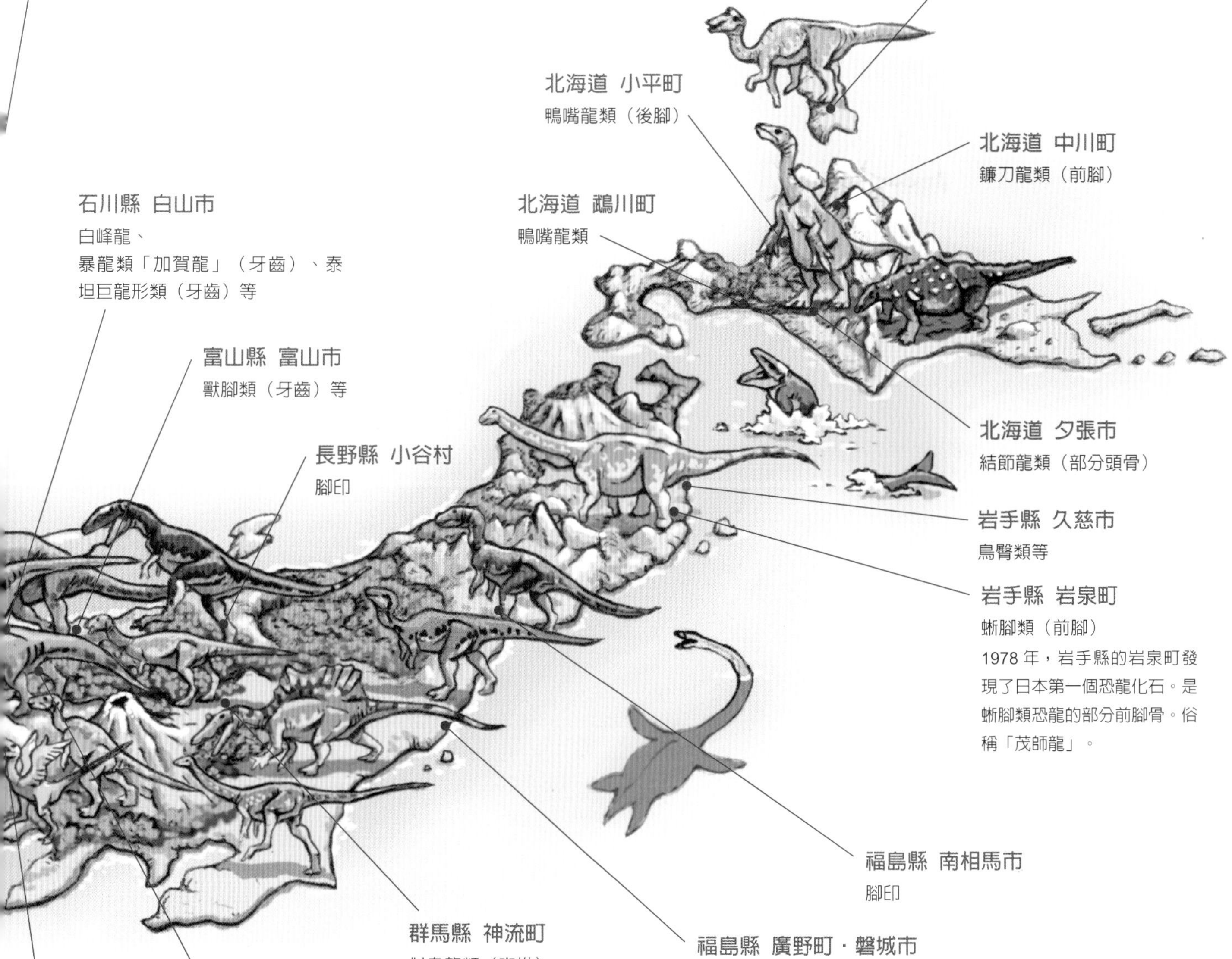

北海道 小平町
鴨嘴龍類（後腳）

北海道 中川町
鐮刀龍類（前腳）

北海道 鵡川町
鴨嘴龍類

石川縣 白山市
白峰龍、
暴龍類「加賀龍」（牙齒）、泰坦巨龍形類（牙齒）等

富山縣 富山市
獸腳類（牙齒）等

北海道 夕張市
結節龍類（部分頭骨）

長野縣 小谷村
腳印

岩手縣 久慈市
鳥臀類等

岩手縣 岩泉町
蜥腳類（前腳）
1978 年，岩手縣的岩泉町發現了日本第一個恐龍化石。是蜥腳類恐龍的部分前腳骨。俗稱「茂師龍」。

福島縣 南相馬市
腳印

群馬縣 神流町
似鳥龍類（脊椎）、
棘龍族群類（牙齒）

福島縣 廣野町．磐城市
泰坦巨龍形類（牙齒）、鴨嘴龍類（頸椎骨及牙齒）、
暴龍類？（脛骨）

岐阜縣 白川村
腳印

岐阜縣 高山市
稜齒龍類（牙齒）等

※ 以紅字標示的恐龍，為日本發現的新物種。

Q. 我們可以透過化石知道些什麼事情？ A. 除了恐龍的模樣、尺寸之外，還可以知道恐龍曾吃些什麼？大約可以活到幾歲？等各式各樣的資訊。

手取層群中發現的恐龍

日本地區曾發現相當多的恐龍化石，其中在跨越富山縣、福井縣、石川縣、岐阜縣，稱作「手取層群」的地層中發現了從侏羅紀到白堊紀時期各式各樣的恐龍及動植物化石。目前在日本所發現的新種恐龍有七種，其中五種就是從手取層群中挖掘出來的。白堊紀的手取層群或許是當時的恐龍樂園呢！

▼福井龍
鳥腳類→P.83
▲白峰龍
原始的鳥臀類→P.31

蜥臀類

恐龍在演化初期階段可大致區分為鳥臀類與蜥臀類等兩大組。蜥臀類又可以再分為草食性、身體龐大、頸部長的蜥腳型類，以及以肉食性為主、採二足步行的獸腳類。獸腳類中還有會生長羽毛的羽毛恐龍族群，從中再演化成鳥類。

原始的蜥腳形類族群①

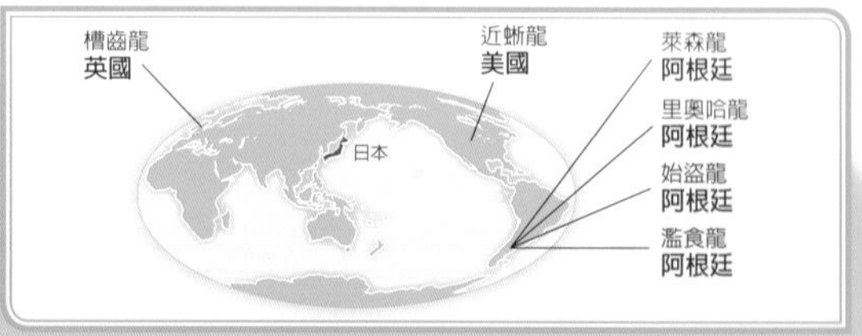

槽齒龍 英國
近蜥龍 美國
萊森龍 阿根廷
里奧哈龍 阿根廷
始盜龍 阿根廷
濫食龍 阿根廷
日本

小林博士的重點整理！

原始的蜥腳形類族群生存在三疊紀後期到侏羅紀前期，是活躍於廣大世界中的草食性恐龍。前腳拇指有半月型的鉤爪喔！

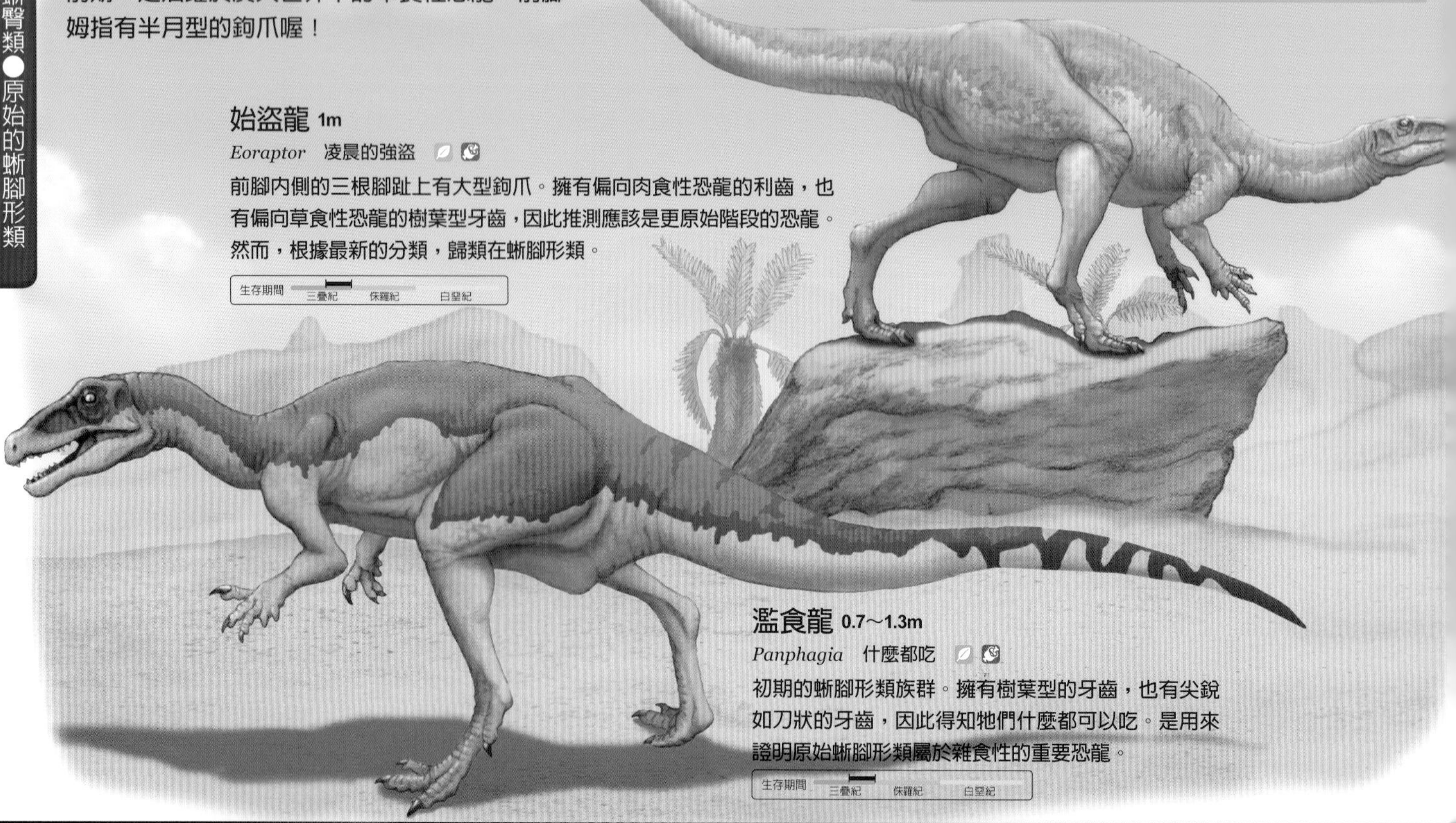

始盜龍 1m

Eoraptor 凌晨的強盜

前腳內側的三根腳趾上有大型鉤爪。擁有偏向肉食性恐龍的利齒，也有偏向草食性恐龍的樹葉型牙齒，因此推測應該是更原始階段的恐龍。然而，根據最新的分類，歸類在蜥腳形類。

生存期間 三疊紀 侏羅紀 白堊紀

濫食龍 0.7～1.3m

Panphagia 什麼都吃

初期的蜥腳形類族群。擁有樹葉型的牙齒，也有尖銳如刀狀的牙齒，因此得知牠們什麼都可以吃。是用來證明原始蜥腳形類屬於雜食性的重要恐龍。

生存期間 三疊紀 侏羅紀 白堊紀

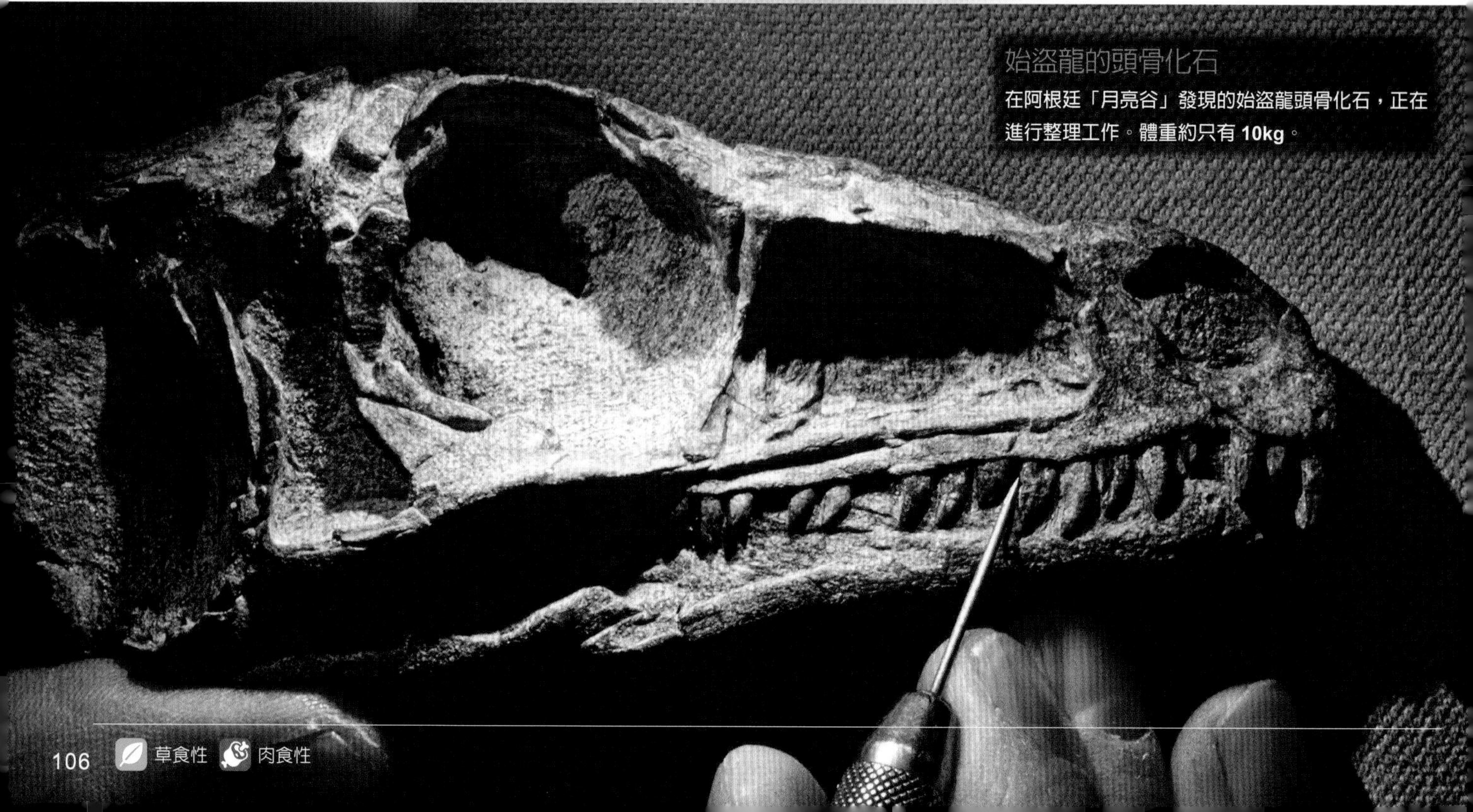

始盜龍的頭骨化石

在阿根廷「月亮谷」發現的始盜龍頭骨化石，正在進行整理工作。體重約只有 10kg。

萊森龍 18m

Lessemsaurus 萊森（人名）的蜥蜴

僅發現脊椎部位。脊椎上有長形突起物，背部隆起。與經常撰寫恐龍相關書籍的 Don Lessem 齊名。

生存期間 三疊紀 侏羅紀 白堊紀

近蜥龍 2.5～4m

Anchisaurus 近似於蜥蜴

小型、輕巧、稍微有些原始的蜥腳型類族群。會食用接近地面的植物，可以用二足或是四足步行。由於腳程較慢，無法逃離敵人時，就會用前腳的鉤爪抵抗。曾發現其腳印化石。

生存期間 三疊紀 侏羅紀 白堊紀

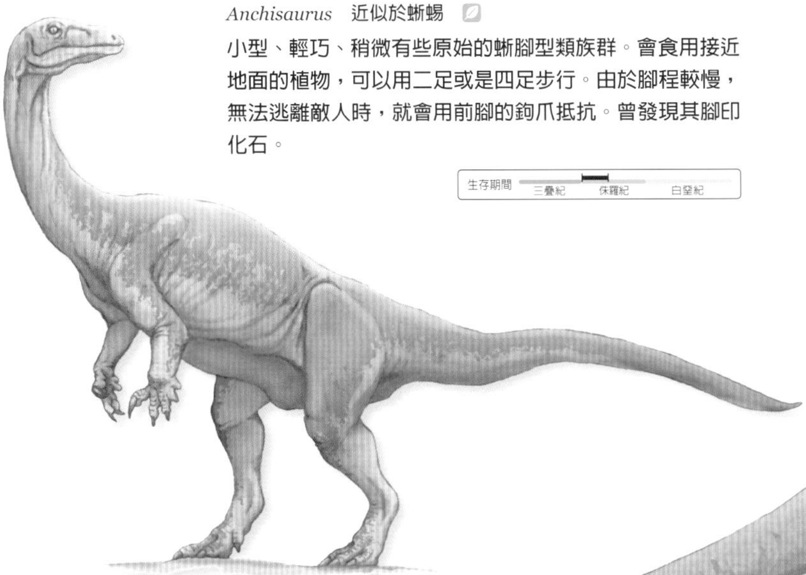

槽齒龍 1～2.5m

Thecodontosaurus 牙齒長在頜骨槽洞內的蜥蜴

最早被發現的三疊紀時代恐龍，屬於原始的蜥腳形類族群。發現後沒多久，又被認為其並非恐龍，而是其他爬蟲類的化石。

生存期間 三疊紀 侏羅紀 白堊紀

里奧哈龍 11m

Riojasaurus

拉里奧哈（阿根廷地名）的蜥蜴

已發現二十隻以上的骨骼。頭骨小，脊椎中間空洞、很輕。前腳長且健壯，主要以四足方式步行。

生存期間 三疊紀 侏羅紀 白堊紀

尺寸 Check

槽齒龍 近蜥龍 濫食龍 始盜龍

始盜龍化石在 2 億 3000 萬年前的地層中被發現。同一地層中也發現了艾雷拉龍、濫食龍等恐龍。

原始的蜥腳形類族群②

雲南龍 7～13m

Yunnanosaurus　雲南（中國地名）的蜥蜴

齒顎正中央隆起六十顆以上鑿子形狀的牙齒。這種牙齒，在擁有鋸齒狀牙齒的原始蜥腳形類當中相當特別，形狀接近蜥腳類。

生存期間　三疊紀　侏羅紀　白堊紀

祿豐龍 6m

Lufengosaurus　祿豐（中國地名）的蜥蜴

體型近似於板龍。齒顎中密集排列著小巧的牙齒。曾發現骨骼與胃石，用小巧牙齒撕扯下來的植物可以藉由胃石進一步磨碎、消化。

生存期間　三疊紀　侏羅紀　白堊紀

板龍 4.8～10m

Plateosaurus　平坦的蜥蜴

在歐洲超過五十個地區發現了大量的化石。由此可見牠們會建立龐大的族群、共同生活。遇到敵人時，會以後腳站立，並且利用前腳拇指的鉤爪戰鬥。

生存期間　三疊紀　侏羅紀　白堊紀

板龍的全身骨骼

蜥腳類的恐龍，會依頸部長度差異分別食用不同高度的植物。

原始的蜥腳形類族群③

從大椎龍蛋中剛孵化的幼龍牙齒尚未發展到可以自己進食的程度，因此推測媽媽必須幫忙餵食、照顧牠們。

草食性 肉食性

我們可以根據恐龍蛋尺寸與成年龍身體尺寸的比例，得知是由雄性還是雌性恐龍在照顧孩子。大椎龍的蛋很小，看起來應該都是由雌性在照顧孩子。

小林博士的 原來如此！小專欄

守護行為

現代鳥類或是鱷魚都會幫忙孵蛋，蛋孵化後父母還會從旁照顧孩子數週以上，採取一種「守護行為」。恐龍與鳥類或是鱷魚類同屬「主龍類」的生物族群，因此很可能許多恐龍都會守護蛋或幼龍。守護行為可以提高蛋的孵化率，也可以提升幼龍平安長大的可能性。

大椎龍 4～5m

Massospondylus 沉重線軸般的脊椎

幼龍時期踩四足步行，成年後即採二足步行。前齒發達，為了能夠攝取質地堅硬的植物，而有鋸齒狀。曾發現其巢穴與蛋的化石。

大椎龍蛋的直徑約為 6cm，蛋中的幼龍只有 15cm 左右。

原始的蜥腳形類族群④

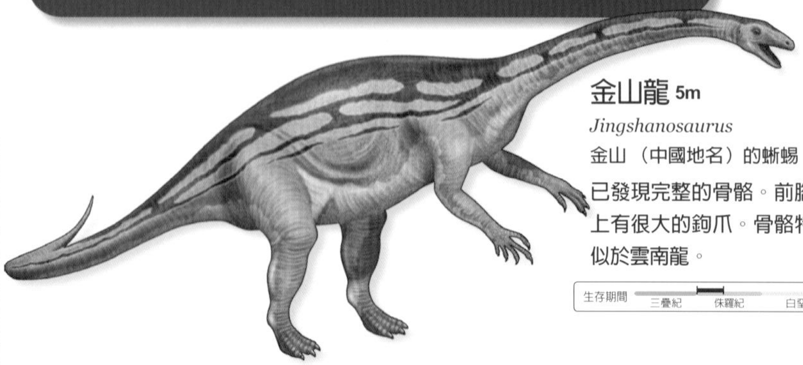

金山龍 5m

Jingshanosaurus

金山（中國地名）的蜥蜴

已發現完整的骨骼。前腳拇指上有很大的鉤爪。骨骼特徵近似於雲南龍。

生存期間 三疊紀 侏羅紀 白堊紀

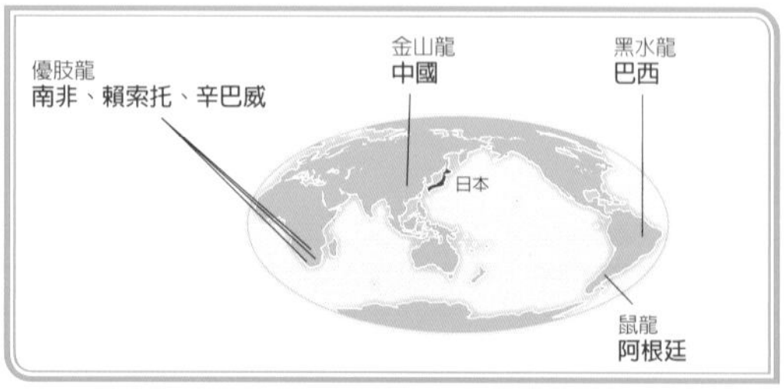

鼠龍 3m

Mussaurus 老鼠蜥蜴

生存期間 三疊紀 侏羅紀 白堊紀

已發現在巢穴中的蛋以及剛孵化的幼龍完整化石。附近還有可能是成年龍的骨骼，但是無法確認是否為鼠龍。

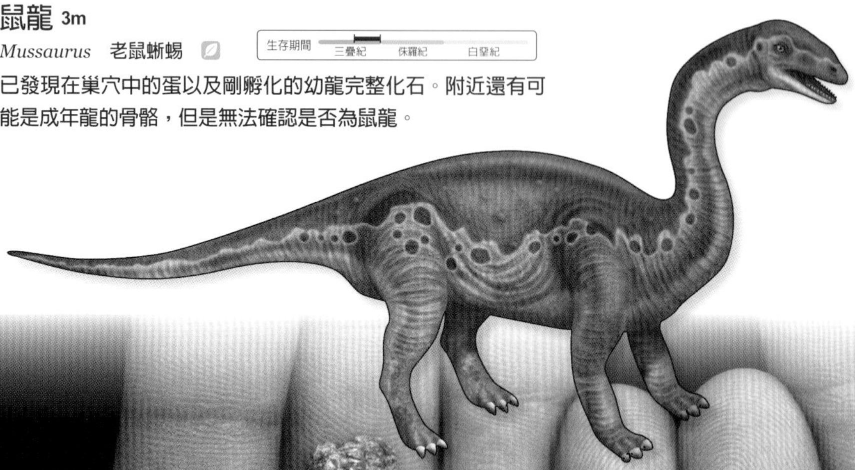

ZOOM UP!

鼠龍的幼龍頭骨

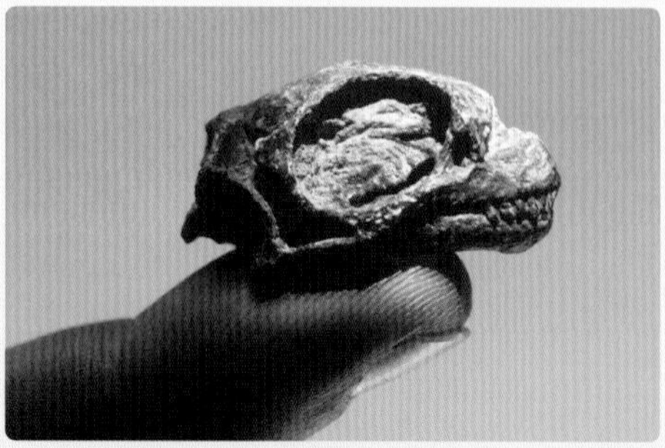

曾與鼠龍蛋化石同時發現非常珍貴的鼠龍幼龍化石。可以成長到 2 ～ 3m 的鼠龍，幼龍時期的尺寸僅有人類的手掌大小。

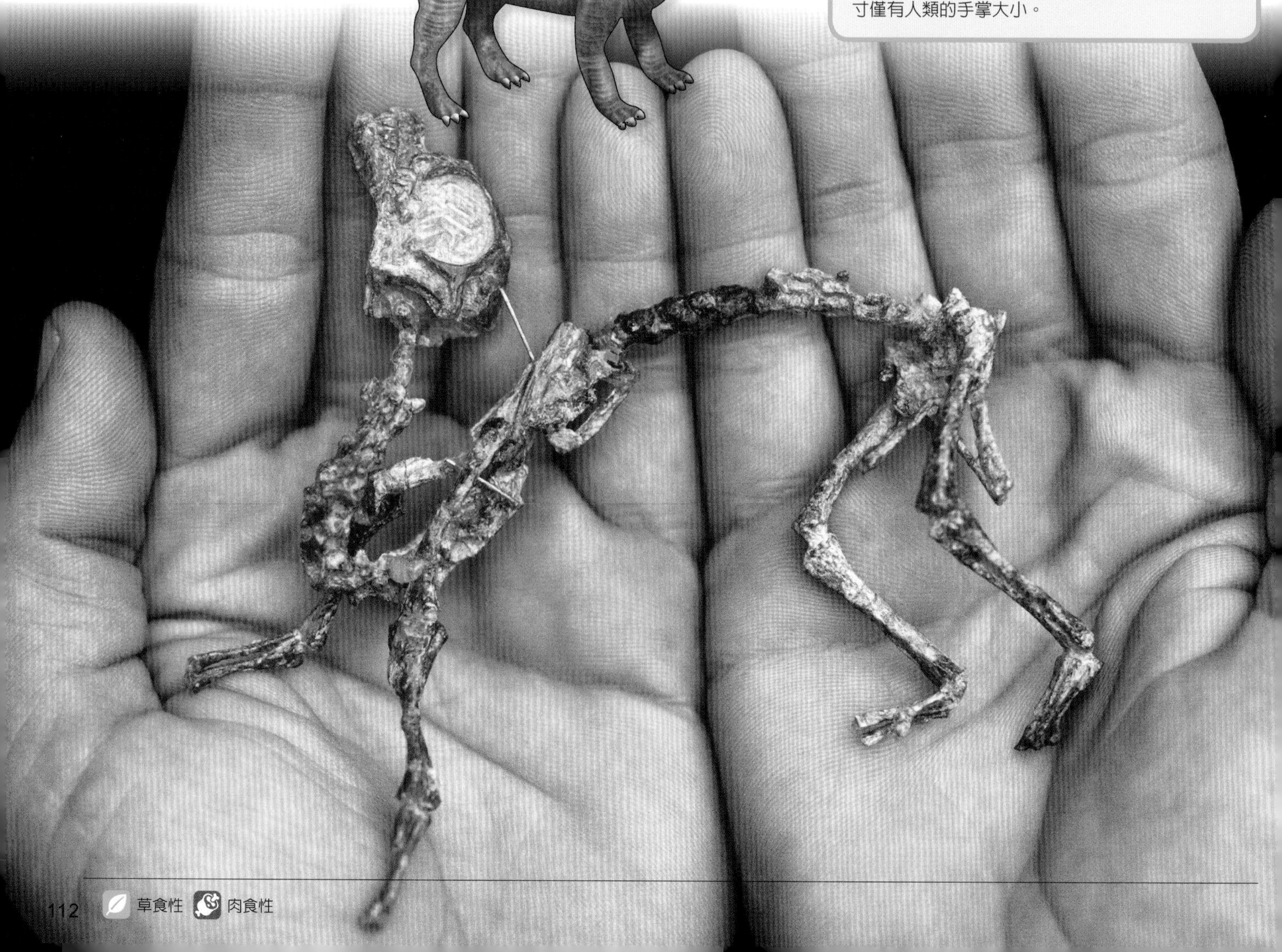

黑水龍 2.5m

Unaysaurus 烏納伊（巴西地名）的蜥蜴

最古老的恐龍之一。與在相同時代生存於歐洲的板龍相似。三疊紀時期，大陸都連接在一起，所以推測初期的恐龍們容易遊走到世界各地。

生存期間 三疊紀 侏羅紀 白堊紀

尺寸 Check

金山龍 黑水龍 鼠龍 優肢龍

優肢龍 10m

Euskelosaurus 腳很健壯的蜥蜴

最早在非洲發現的恐龍，被認為近似於板龍。以原始的蜥腳形類來說，相當龐大。

生存期間 三疊紀 侏羅紀 白堊紀

小林博士的 原來如此！小專欄

會吃恐龍的哺乳類

曾在中國遼寧省發現恐龍時代最巨型的哺乳類——強壯爬獸化石。雖然只是約 50cm 左右的化石，卻在該化石中發現了一個大祕密。在強壯爬獸相當於胃部的位置竟然出現了鸚鵡嘴龍的化石。根據研究，強壯爬獸的化石形狀完整，比較起來鸚鵡嘴龍卻是支離破碎的、身體有些部分已被消化。所以判定強壯爬獸會獵食鸚鵡嘴龍。也就是說哺乳類是會吃恐龍的。

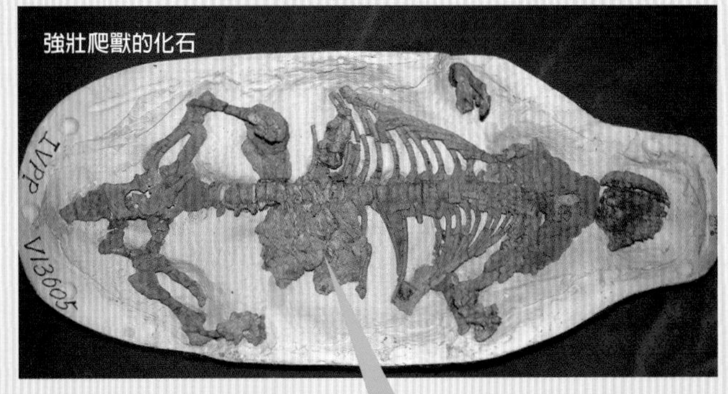

強壯爬獸的化石

正在獵食鸚鵡嘴龍幼龍的強壯爬獸

▲被消化的鸚鵡嘴龍化石

原始的蜥腳形類可以用兩足或是四足步行。可以站立、吃到較高處的葉子。

原始的蜥腳類族群①

小林博士的重點整理！

蜥腳類恐龍身體龐大，用四隻腳確實支撐著身體步行。頸部長，能夠吃到高處的樹葉，龐大的體型也有助於自己不受肉食性恐龍的襲擊。侏羅紀後期，出現了頸部最長的馬門溪龍。

伊森龍 12～15m

Isanosaurus 依善（泰國地名）的蜥蜴

僅發現部分骨骼，認為應該是幼龍化石。
65cm 的大腿骨相當筆直，適合四足步行。之後也發現成年龍的化石，因而得知從三疊紀開始就已經有蜥腳類恐龍的存在。

生存期間 三疊紀 侏羅紀 白堊紀

火山齒龍 6.5m

Vulcanodon 火山的牙齒

刀狀的牙齒與骨骼化石一起被發現，因此被視為原始的蜥腳形類，但是後來發現那其實是正在獵食火山齒龍的肉食性恐龍牙齒。特徵是擁有四隻柱狀的腳，被視為原始的蜥腳類。

生存期間 三疊紀 侏羅紀 白堊紀

哥打龍 9m

Kotasaurus 哥打（*kota*）層（印度地層名）的蜥蜴

頸部與足部很長、身體龐大看起來沉甸甸的。已從河川砂岩處發現十二隻各種大小的化石。推測應該是橫渡河川時，遭溺斃的群體化石。

生存期間 三疊紀 侏羅紀 白堊紀

圖里亞龍 30m

Turiasaurus 特魯埃爾（西班牙地名）的蜥蜴

在印度阿拉貢自治區特魯埃爾省所發現，是歐洲最大的恐龍。是最大隻的原始蜥腳類恐龍，上腕骨有 **1.8m**、大腿骨有 **2.2m** 以上。

生存期間 三疊紀 侏羅紀 白堊紀

小林博士的 原來如此！小專欄

開始巨大化的恐龍們

始盜龍、巨腳龍等初期的恐龍體長約為 1m 左右，大部分都是尾部，身體部分約僅有公雞大小。到了三疊紀後期，萊森龍、板龍、伊森龍等大型草食性恐龍現身。邁向恐龍大型化之道在三疊紀末期時，就已經悄悄地展開了。

巨腳龍 18m

Barapasaurus 擁有巨大足部的蜥蜴

有龐大的體型。與哥打龍一樣在相同地層被發現。由於僅有部分骨頭，詳情還無從可知。

生存期間 三疊紀 侏羅紀 白堊紀

蜥腳類雖然擁有長頸，但是頸椎骨卻有很多空洞，並沒有外觀看起來那麼沉重。

原始的蜥腳類族群②

馬門溪龍 22m

Mamenchisaurus 馬門溪（中國地名）的蜥蜴

擁有長得嚇人的長頸部。頸椎骨有十九塊，占身體長度的一半。頸椎骨兩側凹陷、有空洞，所以比較輕，但是反而成為一個無法將頭抬高的生理限制。

生存期間 三疊紀 侏羅紀 白堊紀

鯨龍
英國、摩洛哥、葡萄牙
峨眉龍
中國
蜀龍
中國
馬門溪龍
中國
簡棘龍
美國
日本
巴塔哥尼亞龍
阿根廷

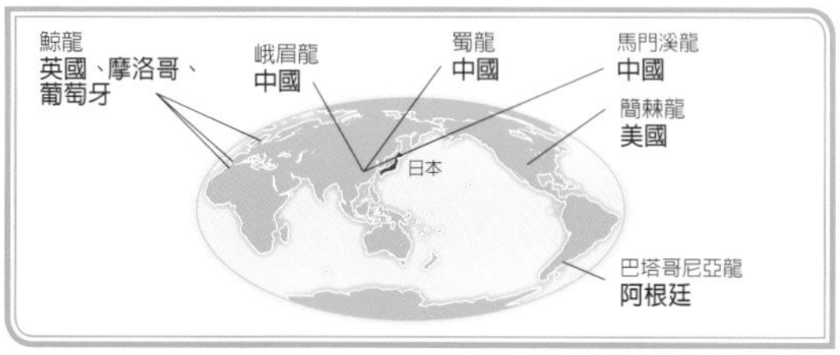

峨眉龍 10～15m

Omeisaurus 峨嵋山（中國山名）的蜥蜴

特徵是擁有非常長的頸部。有十七塊頸椎骨，能夠觸碰到樹木的高處。曾經以為尾部末端長有很像錘子的骨瘤，但是已確認那是蜀龍的尾錘。

生存期間 三疊紀 侏羅紀 白堊紀

尺寸 Check

峨眉龍
蜀龍
鯨龍

  草食性 肉食性

巴塔哥尼亞龍 18m

Patagosaurus 巴塔哥尼亞（阿根廷地名）的蜥蜴

頸部雖然不長，但還是可以吃到 5 ～ 6m 高的樹葉或是嫩芽。生存在同一地區的肉食性恐龍——皮亞尼茲基龍是會襲擊巴塔哥尼亞龍幼龍的敵人。乍看之下跟鯨龍長得很像。

生存期間 三疊紀 侏羅紀 白堊紀

簡棘龍 20～22m

Haplocanthosaurus

擁有一根刺的蜥蜴

脊椎沒有凹陷或是空洞，但是上方卻有一個突起物，故以此命名。

生存期間 三疊紀 侏羅紀 白堊紀

鯨龍 16m

Cetiosaurus 鯨魚蜥蜴

最早被發現的蜥腳類。曾發現四根腳骨與脊椎等的古生物學者——理查・歐文（**Sir Richard Owen**）認為牠們應該歸類在近似於鯨魚的鱷魚類。頸椎骨沒有空洞，所以並不輕。

生存期間 三疊紀 侏羅紀 白堊紀

蜀龍 10m

Shunosaurus 蜀（中國・四川省舊名）的蜥蜴

是少數已發現完整頭骨與許多骨骼的原始蜥腳類恐龍。與其他蜥腳類比較起來，頸部較短、尾部末端長有兩對尖刺狀的骨瘤。可以揮動尾部、趕走敵人。

生存期間 三疊紀 侏羅紀 白堊紀

蜥腳類恐龍能夠左右移動長頸，即使身體不動，也能夠吃到廣大範圍的植物。

梁龍族群 ①

小林博士的重點整理！

梁龍族群擁有鞭子般的長形尾部，是相當巨大的恐龍！ 鉛筆形狀的牙齒，可以從樹上刮取葉子食用。和超龍一樣是最大型的巨大恐龍喔！

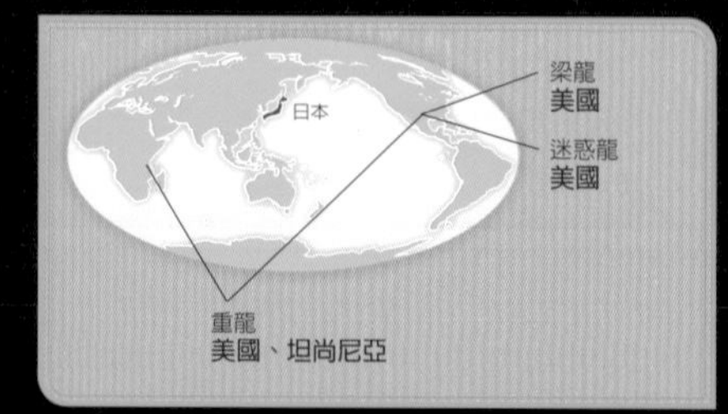

梁龍的全身骨骼

原始的骨骼在美國發現，被製作成好幾座模型，並且贈與至各式各樣的博物館，頁面上這座梁龍的全身骨骼位於德國的森肯堡自然博物館。

小林博士的 原來如此！小專欄

鞭子般的長尾

這座全身骨骼模型長達 26.8m。推測梁龍會利用占全身一半以上的尾部，保護自己不被肉食性恐龍襲擊。也有研究計算出其尾部末端可以用每秒 330m 的速度拍打、擊退敵人。

梁龍 20～35m

Diplodocus 擁有雙梁

在所有已發現完整骨骼的恐龍當中，長度最長。擁有長頸與長尾。相對於身體長度，頭部非常小，口腔內有鉛筆狀的牙齒，可以從樹上刮取葉子或是果實食用，也會食用地面上柔軟的草。

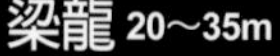

 草食性  肉食性

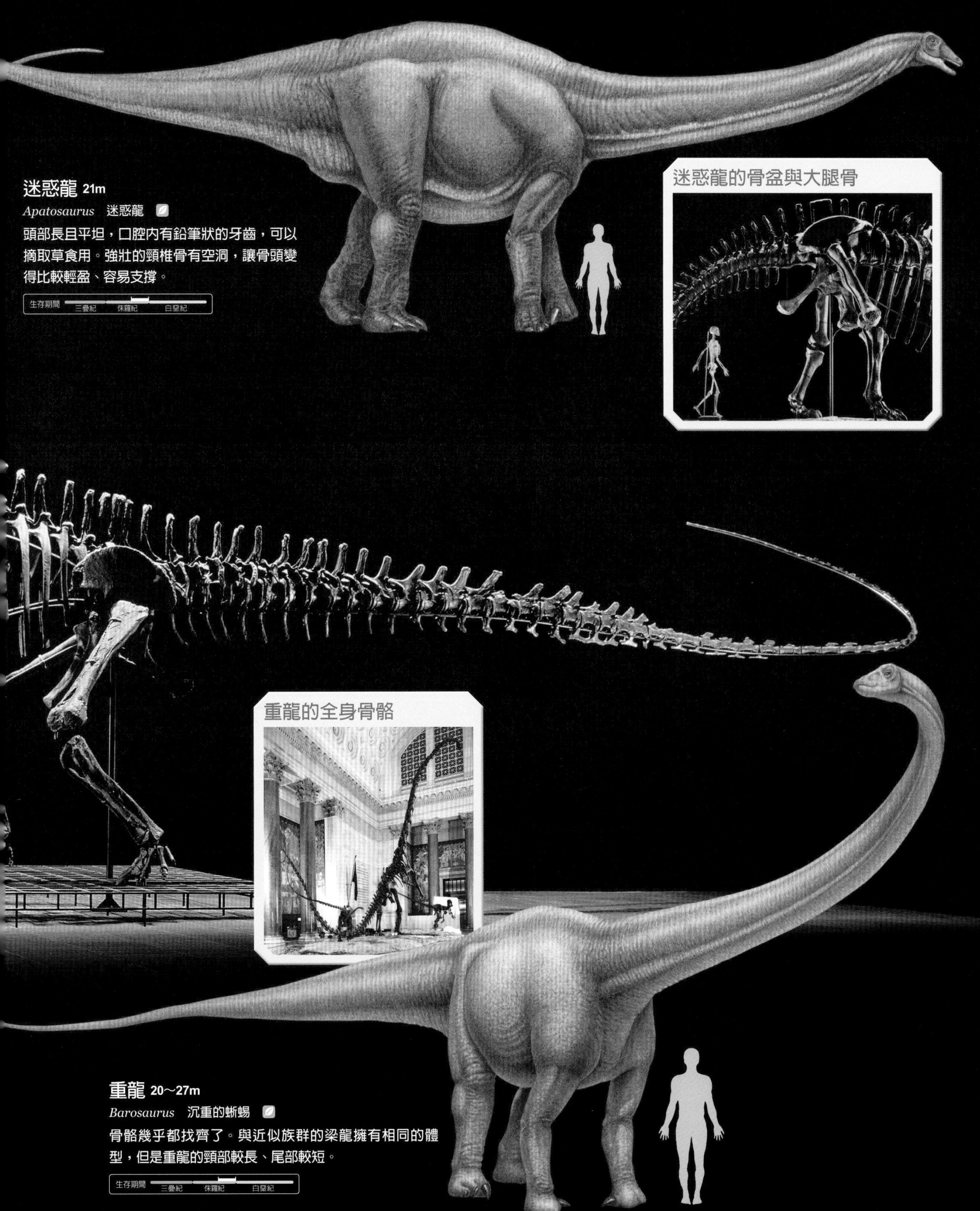

迷惑龍 21m

Apatosaurus 迷惑龍

頭部長且平坦，口腔內有鉛筆狀的牙齒，可以摘取草食用。強壯的頸椎骨有空洞，讓骨頭變得比較輕盈、容易支撐。

生存期間 三疊紀 侏羅紀 白堊紀

重龍 20～27m

Barosaurus 沉重的蜥蜴

骨骼幾乎都找齊了。與近似族群的梁龍擁有相同的體型，但是重龍的頸部較長、尾部較短。

生存期間 三疊紀 侏羅紀 白堊紀

Q&A **Q.** 蜥腳類恐龍的壽命有多長呢？ **A.** 如果沒有生病或是受傷，據說可以活兩百年。

梁龍族群②

蜥臂類●蜥腳類

雷巴齊斯龍
摩洛哥、尼日共和國、阿爾及利亞、
突尼西亞、阿根廷

阿馬加龍
阿根廷

日本

尼日龍
尼日共和國

叉龍
坦尚尼亞

短頸潘龍
阿根廷

雷巴齊斯龍 20m

Rebbachisaurus

雷巴齊（摩洛哥地名）的恐龍

脊椎有長形突出物，像一片船帆。同樣生長在美洲大陸的棘龍及豪勇龍背部也都有帆狀物。可能是為了在炎熱的氣候下，調節體溫。

生存期間 三疊紀 侏羅紀 白堊紀

叉龍 13～20m

Dicraeosaurus 分叉的蜥蜴

生存期間 三疊紀 侏羅紀 白堊紀

在蜥腳類當中算是頸部較短的。推測可能可以與生存在同一地點、頸部稍微長一些的短頸潘龍分別食用不同高度的植物。

草食性 肉食性

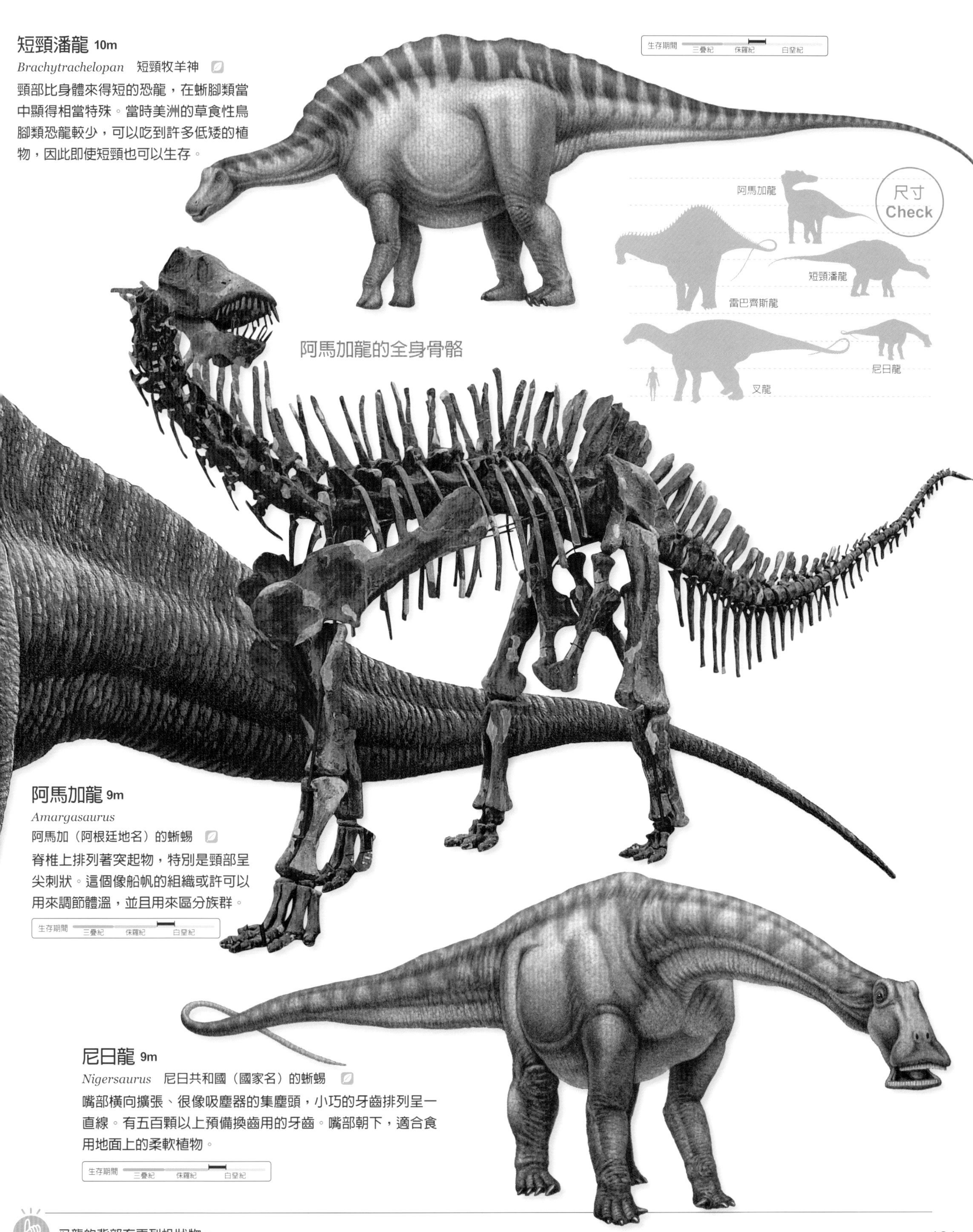

短頸潘龍 10m

Brachytrachelopan 短頸牧羊神

頸部比身體來得短的恐龍，在蜥腳類當中顯得相當特殊。當時美洲的草食性鳥腳類恐龍較少，可以吃到許多低矮的植物，因此即使短頸也可以生存。

生存期間 三疊紀 侏羅紀 白堊紀

阿馬加龍 9m

Amargasaurus

阿馬加（阿根廷地名）的蜥蜴

脊椎上排列著突起物，特別是頸部呈尖刺狀。這個像船帆的組織或許可以用來調節體溫，並且用來區分族群。

生存期間 三疊紀 侏羅紀 白堊紀

尼日龍 9m

Nigersaurus 尼日共和國（國家名）的蜥蜴

嘴部橫向擴張、很像吸塵器的集塵頭，小巧的牙齒排列呈一直線。有五百顆以上預備換齒用的牙齒。嘴部朝下，適合食用地面上的柔軟植物。

生存期間 三疊紀 侏羅紀 白堊紀

叉龍的背部有兩列帆狀物。

史上最大的恐龍・超龍

（Ken Carpente 博士）

超龍全長可達 **30m** 以上，是地球史上最大型的恐龍。由四十位人類兒童手牽手成一條線的長度恐怕都還不足。重量約為八頭大象，或是超過一千五百位兒童。具備強大防禦肉食性恐龍攻擊的能力。比方說，異特龍就不曾襲擊過超龍。

大型的蜥腳類恐龍比其他恐龍的壽命更長，研究指出可能可以存活超過五十年。大約在十五歲時即可長到 **20m**，之後還會緩慢地繼續成長。

然而，如此巨大的身體會有一些問題。例如：遇到炎熱的天氣，身體無法妥善散熱、體溫太高時也是會死亡。此外，步行速度也快不起來。時速約 **4.5m**，最快也只能達到 **17km** 左右。

話雖如此，拜巨大的身體所賜，超龍即使在食物較稀少的季節裡，就算一個月不進食也無所謂。龐大的身體還是有很多優點的呢！

恐龍研究第一把交椅
Ken Carpente 博士

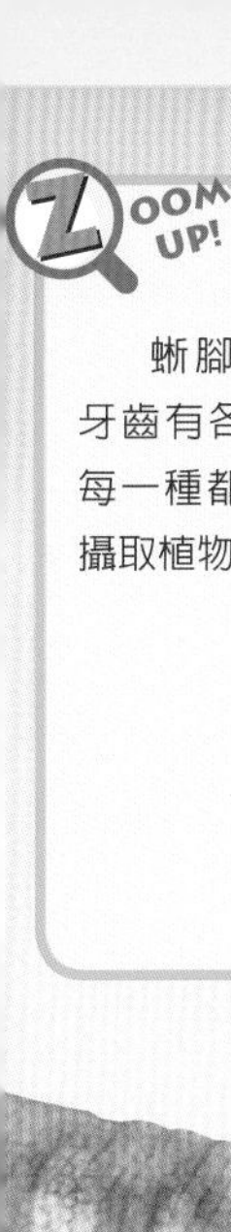

蜥腳類恐龍的牙齒

蜥腳類恐龍的牙齒有各種類型。每一種都適合用來攝取植物。

迷惑龍的牙齒

鉛筆狀的牙齒僅生長在齒顎前端。可以拉扯樹枝、刮取樹葉。

腕龍的牙齒

牙齒內側凹陷，呈湯匙狀。可以啄取、啃咬、磨碎樹葉。

板龍的牙齒

牙齒呈葉子狀，適合用來啃咬、切割植物。

超龍 33m

Supersaurus 超級蜥蜴

巨大的恐龍，已發現大約一半的全身骨骼。頸部長度**12m**，每日飲食量為**500kg**。骨頭內有空洞。推測可能就是因為有「氣囊」，身體才能夠變得如此龐大。

生存期間 三疊紀 侏羅紀 白堊紀

超龍的全身骨骼

小林博士的 原來如此！小專欄

恐龍的吊橋結構

以蜥腳類為主的恐龍們，不論頸部或是尾部都不會垂到地面上，而是拉提在與腰部相同的高度。要能夠支撐、維持住那麼長的頸部與尾部在水平位置，需要非常大的力氣。恐龍擁有橡皮般強勁的韌帶連接著脊椎，足以把頸部與尾部吊起來。就和吊橋能夠把橋梁懸吊起來的原理一樣。恐龍不用耗費太多力氣，即可有效率地支撐住龐大的身體。

身體龐大的祕密

蜥腳類的巨大恐龍們，在那樣巨大的身體下，有著怎樣的身體結構呢？讓我們一探其中的祕密吧！

有效率的呼吸系統

推測恐龍比起我們人類等哺乳類，更能有效率地呼吸。恐龍呼吸時，不僅會使用到肺部，還會使用到氣囊這種可以儲存空氣的袋子，與現代的鳥類採取同樣的呼吸方法，這種呼吸方法稱作「氣囊系統」。

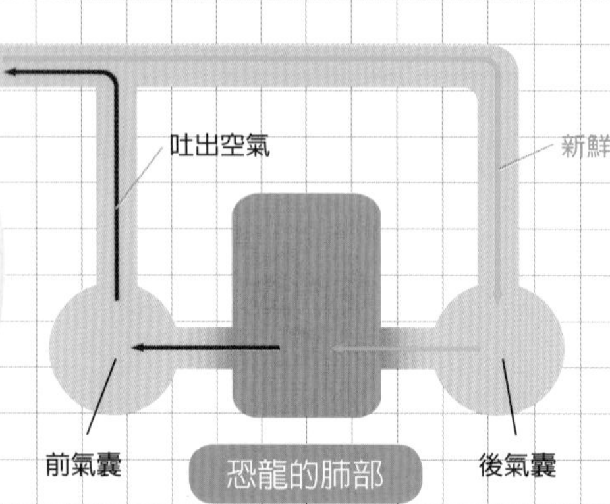

恐龍的肺部

空氣朝單一方向流動，肺部吸入新鮮空氣。

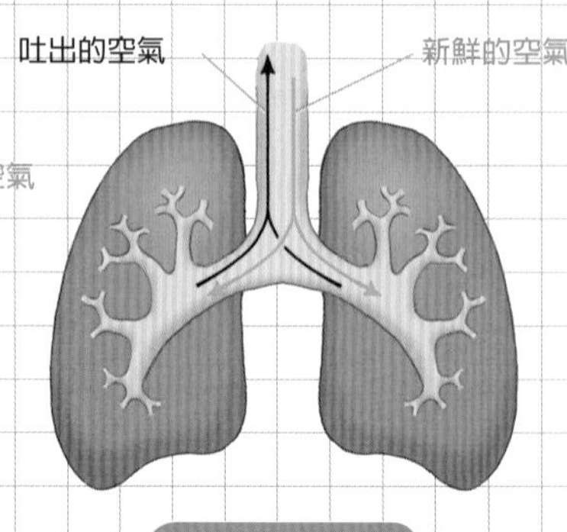

人類的肺部

新鮮的空氣與吐出的空氣在肺部交換，效率較差。

有空洞的骨頭

蜥腳類與獸腳類恐龍的頸部與背部骨頭內都有空洞。該空洞稱作「憩室」，憩室應該是放在氣囊這種由薄膜製成的袋子內。因此，恐龍的頸椎骨雖然龐大，但是卻很輕。

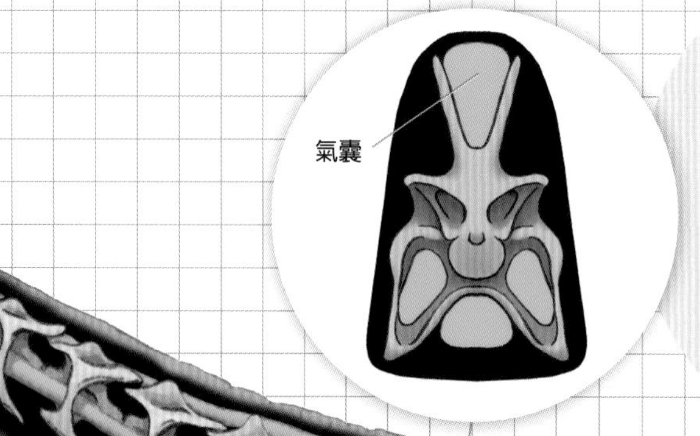

頭部的重量

蜥腳類的牙齒結構相當單純，只是為了磨碎、切割植物。因此，齒顎內沒有大肌肉。又因為腦部小、頭很輕，所以頸部可以拉得很長，因而逐漸大型化。

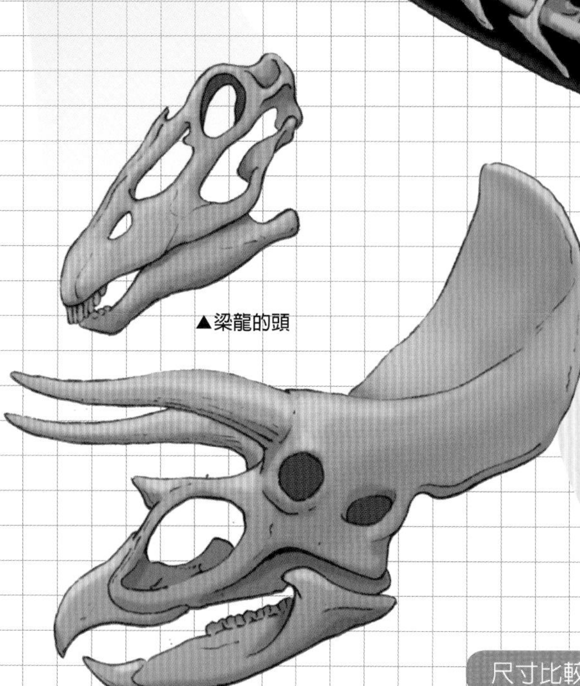

▲梁龍的頭

▲三角龍的頭

尺寸比較

25m 梁龍的頭部，比 **9m** 三角龍的頭部來得小型輕巧。

※ 插圖以等比例縮小繪製。

解剖板龍！？

恐龍實際上到底有多重呢？曾有研究進行過具體的計算。該研究針對 630kg 的中型板龍，計算其每個內臟器官的重量。計算結果如右表所示。

腸胃等消化器官果然占了相當大的重比例。21kg 的骨骼僅占整體重量的 3% 左右，輕得讓人感到意外。

骨頭	21kg
血液	25kg
心臟	3.4kg
肺	6.5kg
肝臟	9.0kg
脾臟	2.2kg
腎臟	1.7kg
腸胃等	167kg
外皮	30kg
身體的肌肉與脂肪	95～106kg

恐龍可以長到多大呢？

梁龍等蜥腳類恐龍雖然越來越大型化，但是似乎還是有界線存在。研究結果顯示身體變大、體重增加，體溫也會跟著上升。例如：經計算迷惑龍體重為 13 噸、體溫 42 度；最大型的波塞東龍體重 55 噸、體溫 48 度。

然而，動物體溫一旦超過 45 度，建造身體組織的蛋白質就會開始凝固，因而無法存活。所以波塞東龍恐怕要稍微減輕一點體重才行。就算想要變大，一旦碰上體溫 45 度的限制，就不能再繼續變大了。

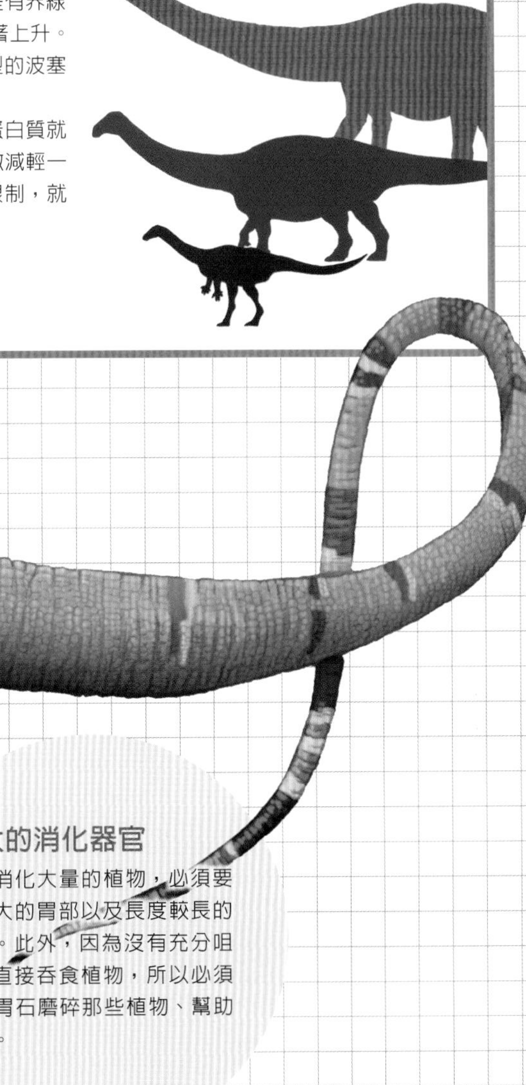

氣囊

小腸

胃部與胃石

巨大的消化器官

為了消化大量的植物，必須要有龐大的胃部以及長度較長的腸道。此外，因為沒有充分咀嚼、直接吞食植物，所以必須使用胃石磨碎那些植物、幫助消化。

圓頂龍族群

小林博士的重點整理！

圓頂龍族群的頭骨上有很大的鼻孔。那裡有一個空氣袋。
或許具有幫助散熱、讓頭部變得輕盈等的作用呢！
會使用大型且堅硬的湯匙狀牙齒攝取植物。

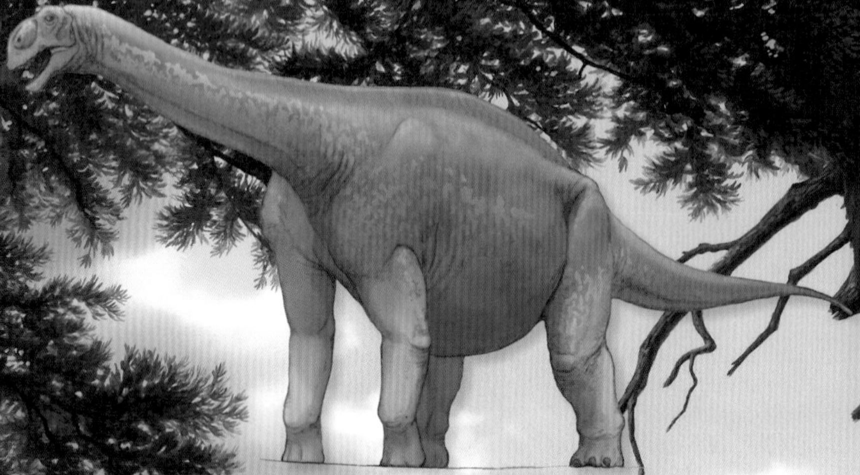

約巴龍 22m

Jobaria　約巴（傳說中的動物）之物

已在撒哈拉沙漠發現幾乎完整的骨骼。
頸部與尾部都不長，也沒有可以讓脊椎變得輕盈的身體架構。牙齒呈湯匙狀。

生存期間　三疊紀　侏羅紀　白堊紀

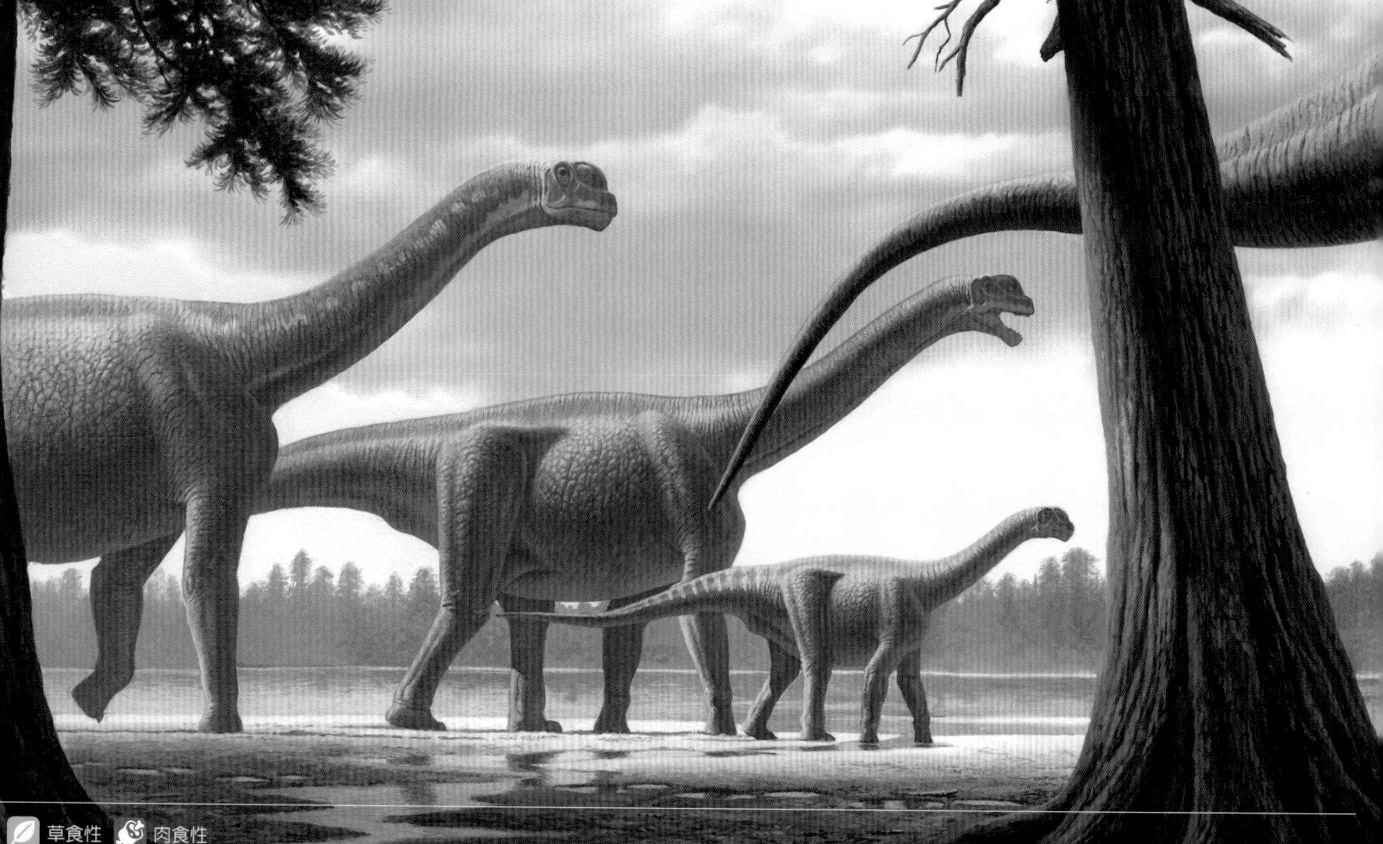

 草食性 肉食性

圓頂龍 18m

Camarasaurus 有空洞的蜥蜴

已發現許多骨骼。頭骨短、上下高且厚實。
頭骨鼻子附近，有很大的空洞，可以讓頭部變得比較輕盈。
前腳與後腳長度幾乎相同，背部呈水平。
頸部與尾部都很短。

腕龍族群

小林博士的重點整理！

腕龍族群的特徵是具有長前腳與長頸部，是相當高大的恐龍！四隻腳加上頭部的高度，或許可達四層樓高。光是長頸部位就占了身高的一半喔！

尺寸 Check

盤足龍

歐羅巴龍

腕龍 25m

Brachiosaurus 腕蜥蜴

如同其名稱，特徵是前腳比後腳更長。因此，肩膀會比腰部來得高，將長形的頸部稍微往上提，可以吃到較高樹木上的葉子。額頭上有著相當大的鼻孔。

生存期間 三疊紀 侏羅紀 白堊紀

腕龍的全身骨骼

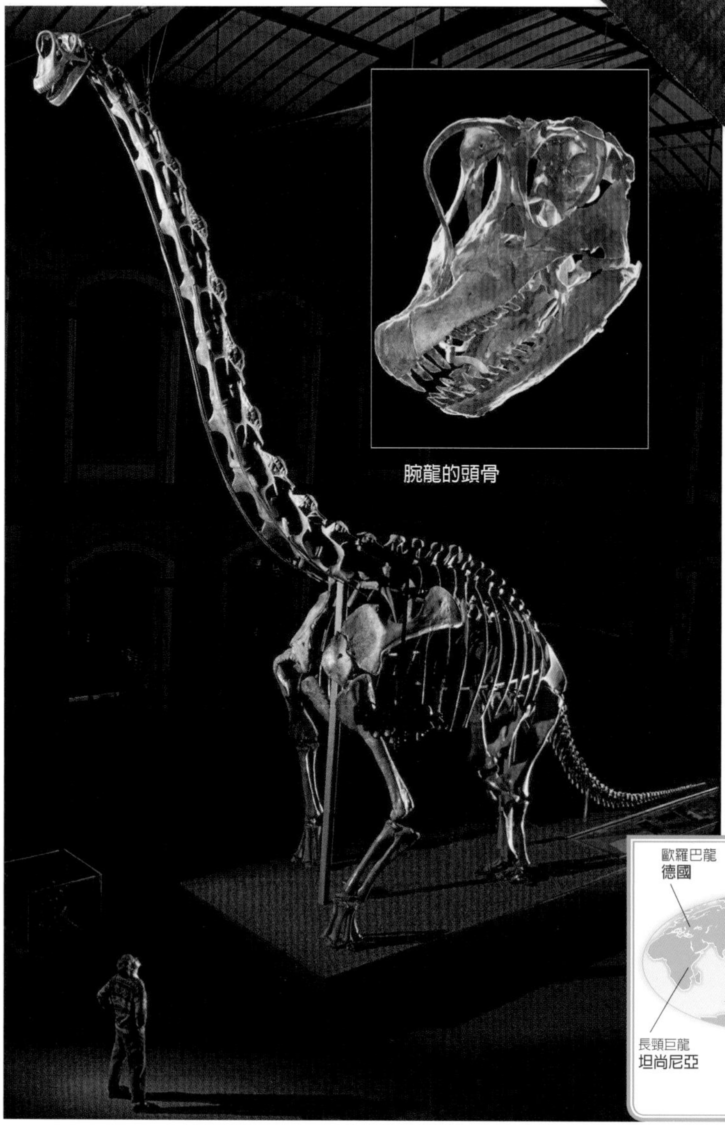

腕龍的頭骨

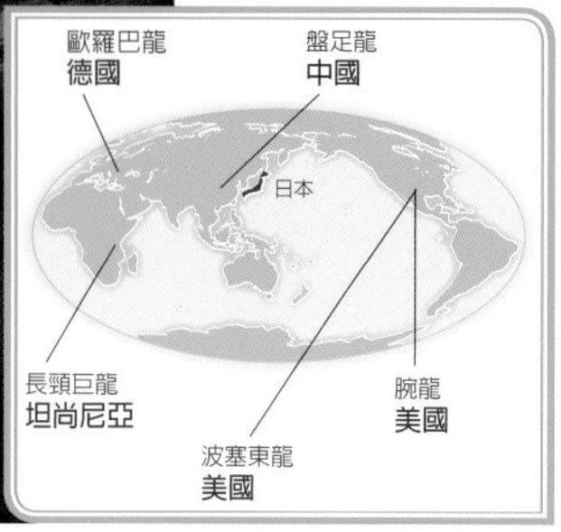

歐羅巴龍 德國

盤足龍 中國

日本

長頸巨龍 坦尚尼亞

腕龍 美國

波塞東龍 美國

草食性 肉食性

盤足龍 15m

Euhelopus 真正的溼地地帶腳

中國第一個有名字的恐龍。

已發現完整的頭骨。鼻子幅度寬闊但短小，湯匙狀的牙齒可以咬碎堅硬的植物，也可以吃到高大樹木上的葉子。前腳比後腳更長。

生存期間 三疊紀 侏羅紀 白堊紀

小林博士的 原來如此！小專欄

換過名字的恐龍！

長頸巨龍最初被誤認為與腕龍是同一種恐龍。兩者在特徵上幾乎相同，但是發現的地點卻是美洲與非洲之遙，因此目前認為是兩種不同的恐龍。

長頸巨龍 23m

Giraffatitan 巨大長頸鹿

初次發現形體幾乎完整的腕龍族群。扁平的鼻頭連接到很大的鼻孔，裡面呈空洞狀。長形的前腳也是特徵之一。

生存期間 三疊紀 侏羅紀 白堊紀

波塞東龍 28m

Sauroposeidon 蜥蜴的波賽頓（希臘神話中的地震神）

已發現四塊大型的頸椎骨。頸部長度約為**12m**，在腕龍族群當中體型最大、頸部最長。其幼龍會成為在同一地點生活的高棘龍等肉食性恐龍的獵物。

生存期間 三疊紀 白堊紀

歐羅巴龍 6.2m

Europasaurus 歐洲的蜥蜴

小型的蜥腳類。從 **1.7m** 的幼龍到 **6.2m** 的成年龍，共發現十一具化石。當時的歐洲已分裂為小島。推測因為牠們生存在植物較少的島嶼上，所以體型較小。

生存期間 三疊紀 侏羅紀 白堊紀

Q&A Q. 身高最高的恐龍是誰？ A. 是波塞東龍。身高約 **18m**。頸部長度也最長。

泰坦巨龍族群①

小林博士的重點整理！

從侏羅紀後期，到白堊紀後期的大滅絕為止，草食性恐龍族群活躍於南極以外的世界各地！從體型和犀牛相近的馬扎爾龍，到體型最大的阿根廷龍，種類繁多。也有像是薩爾塔龍等背部戴有骨甲的恐龍。

普爾塔龍 35～40m

Puertasaurus 普爾塔（發現者名）的蜥蜴

與阿根廷龍互相競爭誰是最大型的恐龍。曾發現其頸部與脊椎、尾部化石，得知頸部較短。白堊紀的南美洲南部可能有好幾種尺寸超過 30m 的蜥腳類恐龍在步行。

生存期間 三疊紀 侏羅紀 白堊紀

阿根廷龍 35～40m

Argentinosaurus 阿根廷（國家名）的蜥蜴

最大型的恐龍。曾發現脊椎及後腳骨等部位，歸類在原始的泰坦巨龍族群。同一地點，還存在著大型肉食性恐龍——馬普龍。

生存期間 三疊紀 侏羅紀 白堊紀

Q&A Q. 哪一隻恐龍的體重最重？ A. 阿根廷龍，據說約有80噸，但是化石證據較少，還不太能確認。

泰坦巨龍族群②

福井巨龍 10m 2010年發表

Fukuititan 福井（日本地名）的巨人

於 2007 年發現，2010 年發表為新種恐龍。是日本第一隻擁有學名的蜥腳類恐龍。

生存期間 三疊紀 侏羅紀 白堊紀

丹波龍 12～15m 2014年發表

Tambatitanis 丹波（日本地名）的巨人（女神）

於 2006 年發現。日本方面即暱稱為「丹波龍」，根據後續調查，確認為新種恐龍。

生存期間 三疊紀 侏羅紀 白堊紀

納摩蓋吐龍 12m

Nemegtosaurus 納摩蓋吐盆底（蒙古）的蜥蜴

泰坦巨龍族群大多生存於南半球，但是納摩蓋吐龍卻生存於北半球。僅發現幾乎完整的頭骨。臉孔不長，嘴部前端排列著釘子狀的牙齒。

生存期間 三疊紀 侏羅紀 白堊紀

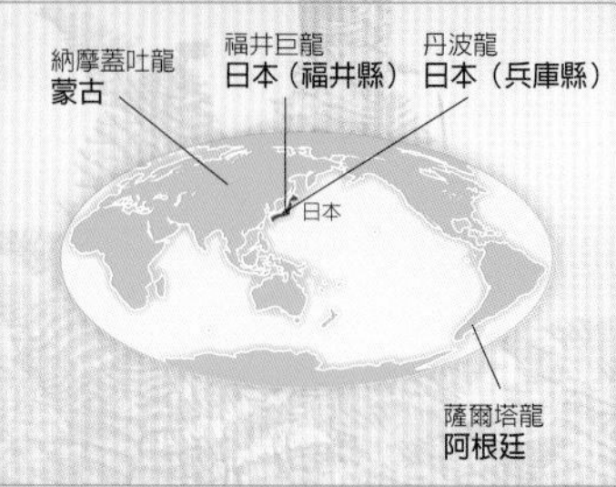

 草食性 肉食性

薩爾塔龍 15m

Saltasaurus

薩爾塔（阿根廷地名）的蜥蜴

皮膚變化成骨板盔甲，覆蓋在背部。這個盔甲可以作為預防肉食性恐龍攻擊的武器。

生存期間 三疊紀 侏羅紀 白堊紀

泰坦巨龍族群中，似乎有很多恐龍的背部都覆蓋著盔甲。

泰坦巨龍族群③

馬扎爾龍 6m

Magyarosaurus

馬扎爾（匈牙利民族名）的蜥蜴

更小型的蜥腳類族群。生活在有低矮植物的寬廣溼地上，會把嘴部前端放入水中吃草。

生存期間 三疊紀 侏羅紀 白堊紀

掠食龍 15m

Rapetosaurus 拉伯特（傳說的巨人）的蜥蜴

從頭部到尾部，幾乎已發現全身骨骼的珍貴蜥腳類恐龍。根據該發現，也讓世人了解泰坦巨龍族群的身體形狀。

生存期間 三疊紀 侏羅紀 白堊紀

長生天龍 15m

Erketu 力神（蒙古的創造神）

頸部相當長，是身體的兩倍。
脊椎的突起物分成了兩大塊，用來支撐長頸。在戈壁沙漠發現了其頸椎骨以及後腳骨。

生存期間 三疊紀 侏羅紀 白堊紀

後凹尾龍 12m

Opisthocoelicaudia 後方凹陷的尾部

發現於戈壁沙漠。具有一些不太一樣的特徵，例如：尾部短、前腳粗短、前腳腳趾小、因脊椎突起而有一個很深的裂縫等。並未發現其頭骨及頸椎骨。

生存期間 三疊紀 侏羅紀 白堊紀

馬拉威龍 10.5m

Malawisaurus

馬拉威（國家名）的蜥蜴

在泰坦巨龍族群中，是少數已發現部分頭骨的恐龍。擁有小巧的頭部、長形的頸部以及尾部。

生存期間 三疊紀 侏羅紀 白堊紀

無畏龍 26m 2014年發表

Dreadnoughtus 什麼都不怕

已發現全身約 **70%** 的骨骼，所以可以掌握相當正確的整體樣貌。與英國的巨大戰艦「無畏號戰艦」齊名。

生存期間 三疊紀 侏羅紀 白堊紀

即使是巨大的泰坦巨龍族群，其恐龍蛋的直徑也只有 **15cm**。

泰坦巨龍族群④

馬薩卡利神龍 13m

Maxakalisaurus 馬薩卡利（巴西原住民）蜥蜴

在巴西發現的最大型恐龍。近似於薩爾塔龍族群，像薩爾塔龍一樣，背部覆蓋著由皮膚變化而成的骨板盔甲。

阿拉摩龍 21m

Alamosaurus 阿拉摩（美國地名）的蜥蜴

泰坦巨龍族群大多發現於南半球，阿拉摩龍是少數在北美洲發現的恐龍。推測是從南美洲移動至北美洲。生存到恐龍時代的最後。

潮汐龍 26m

Paralititan 岸邊的巨人

最高等級的巨大蜥腳類恐龍。發現其化石的地點在大型河川出口的廣大樹林。也在該地點發現其他大型肉食性恐龍，以及動物、植物的化石。

富塔隆柯龍 32～34m

Futalognkosaurus 巨大恐龍的大家長

已發現全身 **70%** 的骨骼，在目前發現的巨大蜥腳類中，是最接近完整的化石。同一地點也發現許多肉食性恐龍、鱷魚、植物等的化石。

小林博士的 原來如此！小專欄

死亡陷阱

巨大的蜥腳類族群走進沼澤地時，會製造出深陷的凹洞。小型的恐龍們即使掉入該凹洞也不足為奇。

2001 年，中國西北部的準噶爾盆地，發現了駭人聽聞的、1 億 6000 萬年前的化石。在那柱狀的堆積物中，堆疊了二十隻以上、不同種類的恐龍，一起成為了化石。然而，還包含了以往被視為「空白時代」、侏羅紀中期的新種恐龍。在該處發現的五彩冠龍，根據骨骼及牙齒的特徵發現牠們是暴龍的祖先。還有發現許多像是角鼻龍族群、泥潭龍、烏龜以及鱷魚等的化石。

推測該柱狀堆積物的形成是因為有一個會讓恐龍跌落的「陷阱」。該陷阱究竟是怎麼製造出來的呢？當時那一帶原本是溼地，當馬門溪龍等巨大蜥腳類走過，就會留下巨大的腳印。後來又因火山噴發而累積大量火山灰，泥濘的火山泥囤積後就形成了「深不見底的沼澤」。當小型恐龍走進沼澤地，就會陷入這深不見底的沼澤而死亡。

如同右方插圖所描繪出的狀態，小型獸腳類——五彩冠龍或許就是為了追逐獵物——泥潭龍而落入陷阱。

就像腳印可以成為化石一樣，或許這深不見底的沼澤陷阱本身就算是一個 1 ～ 2m 高的化石。目前已經在準噶爾盆地發現三個這樣的柱狀堆積物。

巨大恐龍腳印或許會製造出深不見底的沼澤，並且成為小型恐龍的墳墓。各式各樣的生物都有可能落入這個陷阱。

巨大蜥腳類恐龍所在之處，一定會有巨大的肉食性恐龍存在。比方說，潮汐龍就會成為鯊齒龍的獵物。

原始的獸腳類族群①

富倫格里
阿根廷

艾雷拉龍
阿根廷

日本

小林博士的重點整理！

在三疊紀後期登場，更原始的恐龍族群擁有鋸齒狀的牙齒等肉食性恐龍特徵。後腳長、腳程快速，能夠快速追趕獵物！

艾雷拉龍 3m

Herrerasaurus 艾雷拉（人名）的蜥蜴

與始盜龍在同一地層被發現。頭部長，擁有很強壯的肌肉可以緊閉齒顎，並且還有鋸齒狀的牙齒。前腳有五根腳趾，無名指與小指較小。艾雷拉龍曾被分類在原始的蜥臀類當中。

生存期間 三疊紀 白堊紀

艾雷拉龍的全身骨骼

富倫格里龍 6m

Frenguellisaurus 富倫格里（人名）的蜥蜴

採用二足步行，可以快速奔跑、抓取獵物。

被認為與艾雷拉龍為同一種類，目前還在研究當中。

Q&A **Q.** 還會再發現新種恐龍嗎？ **A.** 每年都會發現四十～五十種的新恐龍。

原始的獸腳類族群②

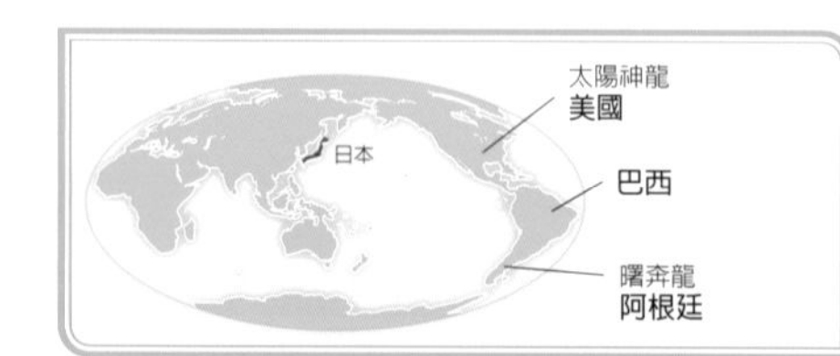

曙奔龍 1.2m 2011年發表

Eodromaeus 黎明的跑者

在南美洲、阿根廷的安地斯山脈、三疊紀後期地層中所發現的新種恐龍。身高 117cm，採二足步行。根據其全身骨骼及牙齒等特徵，被歸類為新種的肉食性恐龍。

生存期間 三疊紀 侏羅紀 白堊紀

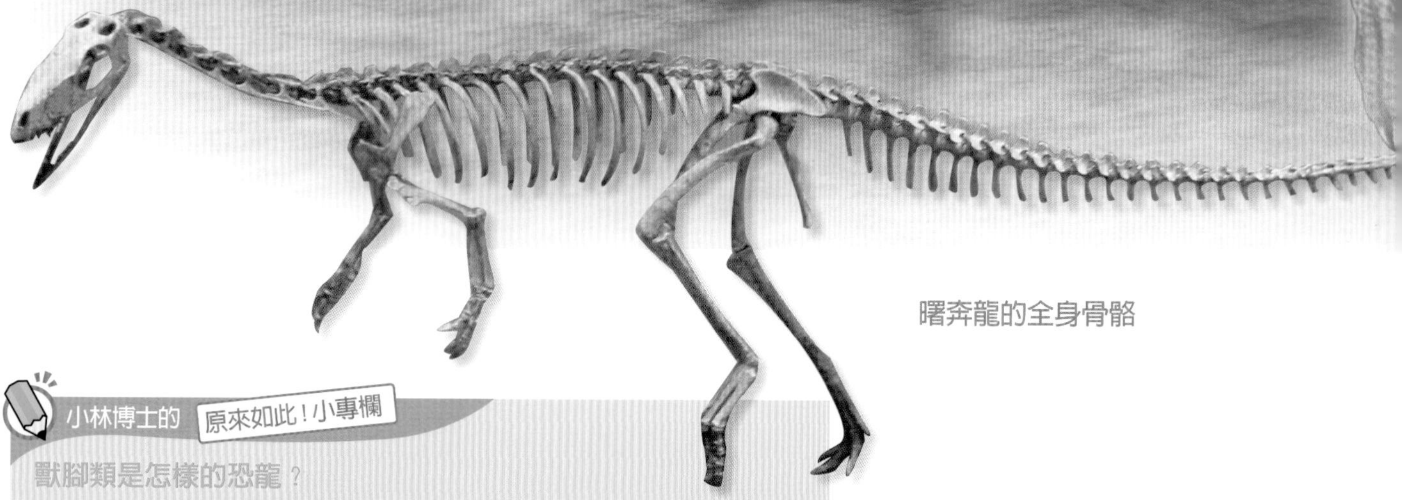

曙奔龍的全身骨骼

小林博士的 原來如此！小專欄

獸腳類是怎樣的恐龍？

獸腳類恐龍的長腳從腰部垂直向下生長，能用二足步行快速行走。幾乎都是肉食性恐龍，牙齒邊緣呈鋸齒狀，能夠將肉撕碎食用。獸腳類當中也有像似鳥龍族群以及偷蛋龍族群，擁有喙部，適合草食性的恐龍。

此外，在小型獸腳類方面曾發現其生長羽毛的證據，被認為具備恆溫性（內溫性）可使身體溫暖，並且擁有優異的運動能力。

前腳備有羽翼、部分可以翱翔天空的族群，後來演化成鳥類。

 草食性 肉食性

小林博士的 原來如此！小專欄

恐龍是在「月亮谷」誕生的嗎？

1961 年，在阿根廷西北部、被稱作「月亮谷」地區的伊沙瓜拉斯托地層曾發現艾雷拉龍的化石。是屬於 2 億 3000 萬年前三疊紀後期的化石。之後，1991 年，美國與阿根廷共同調查團也在發現艾雷拉龍的相同地層中發現了始盜龍。

這些是目前為止所發現、最古老的恐龍化石。然而，2010 年卻在波蘭的三疊紀前期地層中發現不僅是恐龍的動物腳印。

此外，也在非洲坦尚尼亞、2 億 4000 萬年前的地層中發現了近似於恐龍的爬蟲類動物化石。關於恐龍的起源，恐怕未來還會有很多的新發現呢！

南十字龍 2.2m

Staurikosaurus 南十字星的蜥蜴

近似於艾雷拉龍的族群，
南十字龍的體型較小。
擁有像牛排刀般鋸齒狀的牙齒，
所以判定應該是肉食性恐龍。

生存期間 三疊紀 侏羅紀 白堊紀

太陽神龍 2m

Tawa 與霍皮族（美國原住民部落）的太陽神齊名

擁有艾雷拉龍以及腔骨龍兩種恐龍的特徵。
與艾雷拉龍比較起來，身形較為纖細。
已發現全身骨骼，有助於原始的獸腳類恐龍研究。

生存期間 三疊紀 侏羅紀 白堊紀

在伊沙瓜拉斯托地層中發現了各式各樣的化石。恐龍的化石僅占其中的 **11%** 左右。

腔骨龍族群①

小林博士的重點整理！

身型雖然纖細，但是具有能夠自由轉動的長頸，可以快速抓住欲逃跑的獵物。隨著三疊紀末期的大滅絕，大型爬蟲類消失後，腔骨龍族群等肉食性恐龍變得非常活躍。

腔骨龍 3m

Coelophysis 中空形

1947 年，在美國新墨西哥州的幽靈牧場（**Ghost Ranch**）發現了超過五百具的腔骨龍化石。推測可能是因為突如其來的洪水，導致同時死亡。採群體生活、奔跑速度快、嘴部細長，可以抓取小動物進食。

生存期間 三疊紀 侏羅紀 白堊紀

斯基龍 1m

Segisaurus 斯基（美國峽谷名）的蜥蜴

推測牠們可能會食用昆蟲的小型恐龍。身體特徵方面有叉骨（**farcula**），和鳥類非常相似，因而出現恐龍可能會演化成鳥類的說法，當時是相當受到矚目的一種恐龍。

生存期間 三疊紀 侏羅紀 白堊紀

合踝龍 3m

Megapnosaurus 大死亡蜥蜴

剛發現時，命名為「**Syntarsus**」，但是該名稱已經用在甲蟲類了，所以變更為「**Megapnosaurus**」。會建立群體生活，以小型爬蟲類為食。

生存期間 三疊紀 侏羅紀 白堊紀

腔骨龍的全身骨骼

與體重相當的草食性恐龍比較起來，獸腳類恐龍的腦部較大。

腔骨龍族群②

雙脊龍的頭骨

只要看到化石就可以立刻想像出其頭冠隆起的樣子。

雙脊龍 6m

Dilophosaurus 擁有兩個頭冠的蜥蜴

特徵是從鼻子到頭部後方有一對薄薄的頭冠。該頭冠可能是用來區分族群或是雌雄。體態輕盈，能快速奔跑。

生存期間 三疊紀 侏羅紀 白堊紀

理理恩龍 5.2m

Liliensternus 理理恩(人名)的

和雙脊龍一樣,從鼻子到頭部後方有一對薄薄的頭冠,高度比雙脊龍來得低,呈細長形。

肉龍 3.5m

Sarcosaurus 肉蜥蜴

發現於英國。當時歐洲已經分化成許多小島。僅發現部分化石,因此對牠的了解還不夠詳細。

冰脊龍 6.5m

Cryolophosaurus 頭冠凍住的蜥蜴

眼睛上方有個非常醒目、橫向生長的頭冠。前腳腳趾比其他肉食性恐龍多,共有四根腳趾。曾在冰脊龍化石周邊發現其他大型草食性恐龍——冰河龍的化石,推測可能是牠們的獵物。

小林博士的 原來如此!小專欄

住在南極的恐龍

在侏羅紀前期,南極的最北處曾擁有氣候溫暖、生長著蘇鐵及針葉樹的森林。除了冰脊龍以及冰河龍之外,也曾發現甲龍類的南極甲龍以及鳥腳類的托里尼龍等各式各樣的恐龍。雖然還沒有化石方面的證據,但是有些恐龍學者認為應該也有蜥腳類恐龍的存在。

獸腳類恐龍擁有像牛排刀般鋸齒狀的牙齒,即使折損,也能一直重生替換。

角鼻龍族群①

小林博士的重點整理！

肉食性恐龍族群活躍於侏羅紀後期至白堊紀後期。頭骨短，上下厚實、堅硬。也有像阿貝力龍那種頭大、前腳小的物種。

角鼻龍 6m

Ceratosaurus 有角蜥蜴

鼻子上有犄角，雙眼上方也有比較低矮的犄角。特徵是背部從頭到尾都排列著小小的突起物。前腳有四根腳趾等，仍留有原始的特徵，是中型的肉食性恐龍。

生存期間 三疊紀 侏羅紀 白堊紀

角鼻龍的頭骨

和體型比較起來，有顆比例很大的頭。已知其鼻子上方以及眼睛上方有犄角。

泥潭龍 1.7m

Limusaurus 泥巴蜥蜴

體型近似於鴕鳥，具有喙部，可取代牙齒食用植物。前腳有三根腳趾，推測和鳥類一樣，原本應該要有五根，但是第一趾與第五趾已經退化。

生存期間 三疊紀 侏羅紀 白堊紀

尺寸Check

三角洲奔龍 8.1m

Deltadromeus 三角洲的跑者

歸類在肉食性獸腳類恐龍之列，但是身型纖細、後腳長，可以快速奔跑。曾發現群體在岸邊奔跑的腳印化石。

生存期間 三疊紀 侏羅紀 白堊紀

 草食性 肉食性

西北阿根廷龍 1～3m

Noasaurus　在阿根廷西北邊的蜥蜴

後腳有尖銳的鉤爪，這一點似乎與馳龍族群相似。然而，骨骼構造則和阿貝力龍非常相似。

輕巧龍 6.2m

Elaphrosaurus　輕巧的蜥蜴

具有纖細的頸部、細長的身體、長形的尾部，推測牠們僅適合獵取已死亡的恐龍肉。可以利用長形的後腳，快速奔跑。

印度鱷龍 7m

Indosuchus　印度的鱷魚

稱霸印度的肉食性恐龍，僅發現其頭骨化石。強壯的下顎周邊布滿鋸齒狀、前端尖銳且短小的牙齒。

隱面龍 6m

Kryptops　隱藏起來的面孔

近似於阿貝力龍的族群，但是更為原始。特徵是臉上覆蓋著凹凸不平的角質。牙齒短小、切面看起來很鈍，推測應該只能吃腐肉。

阿貝力龍 9m

Abelisaurus　阿貝力（人名）的蜥蜴

僅發現頭骨。體型近似於暴龍。鼻子到眼睛之間有細小的粗糙突起物。

角鼻龍族群頭上有犄角或是突起物。似乎也會用頭上的犄角互相碰撞、戰鬥。

角鼻龍族群②

瑪君龍 6～8m

majungasaurus 馬哈贊加(馬達加斯加西北部地名)的蜥蜴

像阿貝力龍一樣擁有強壯的齒顎與短小的前腳。從化石證據來看，應該曾是掠食龍等大型蜥腳類的獵物。

生存期間：三疊紀 侏羅紀 白堊紀

小林博士的 原來如此！小專欄

互相殘殺的恐龍

　　曾經在幾塊瑪君龍的化石上明顯發現被其他瑪君龍啃咬的痕跡。這可以作為瑪君龍會互相殘殺的證據。或許暴龍等肉食性恐龍也會互相殘殺，但是目前僅在瑪君龍化石上發現初次的證據。

瑪君龍與阿貝力龍等前腳短小的恐龍，腳程並不太，只能將蜥腳類等腳程更緩慢的草食性恐龍當作獵物。

角鼻龍族群③

惡龍 2m

Masiakasaurus 壞蜥蜴

小型恐龍，特徵是牙齒會往前生長、排列在上下齒顎的前端。推測牠們會善用這樣的牙齒去捕捉小動物或是魚類。

ZOOM UP! 惡龍外露的牙齒

惡龍牙齒的生長方式非常有特色。牙齒會往前生長。此外，牙齒呈圓錐形，前端稍微有點彎曲。內側牙齒則是獸腳類恐龍特有的刀形。如上方圖片所示，或許可以用來刺殺魚類。

小林博士的 原來如此！小專欄

食肉牛龍的短小前腳

食肉牛龍與奧卡龍等族群的前腳非常短小。暴龍族群的前腳已經夠短了，相較之下牠們的前腳卻還更短，恐怕是幾乎完全沒有功能。所以應該是用強壯的齒顎狩獵的吧！

食肉牛龍 8m

Carnotaurus 吃肉的牛

左右眼睛上方有犄角，乍看之下長得很可怕，但是沒有鉤爪的短小前腳，看起來並不適合戰鬥。

生存期間 三疊紀 侏羅紀 白堊紀

皺褶龍 7m

Rugops 有皺紋的面孔

頭骨表面有很多的皺褶。推測其頭部可能覆蓋著很像鳥喙般的堅硬物質。推測牠們可能無法襲擊生物，僅能食用死亡的動物腐肉。

生存期間 三疊紀 侏羅紀 白堊紀

奧卡龍 5m

Aucasaurus

Auca Mahuevo（阿根廷的化石發現地點）的蜥蜴

除了尾部末端，幾乎已發現完整的骨骼。眼睛上方有一對小犄角。曾在頭部發現因戰鬥而留下的傷痕。

生存期間 三疊紀 侏羅紀 白堊紀

Q&A Q. 肉食性恐龍與草食性恐龍，哪一種數量比較多？ A. 推測會成為獵物目標的草食性恐龍比較多。

棘龍族群①

尺寸
Check
重爪龍
棘龍
激龍

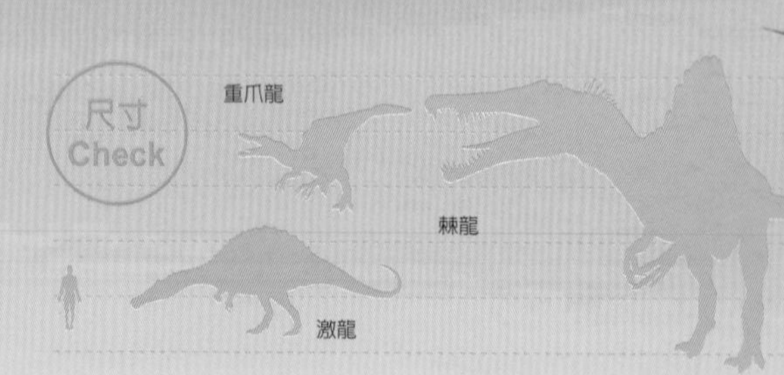

小林博士的重點整理！

棘龍族群的特徵是擁有大型鉤爪、長而有力的前腳以及長形的齒顎。棘龍與激龍等的背部還有一片大骨帆。是比暴龍體型更大、最大型的肉食性恐龍。

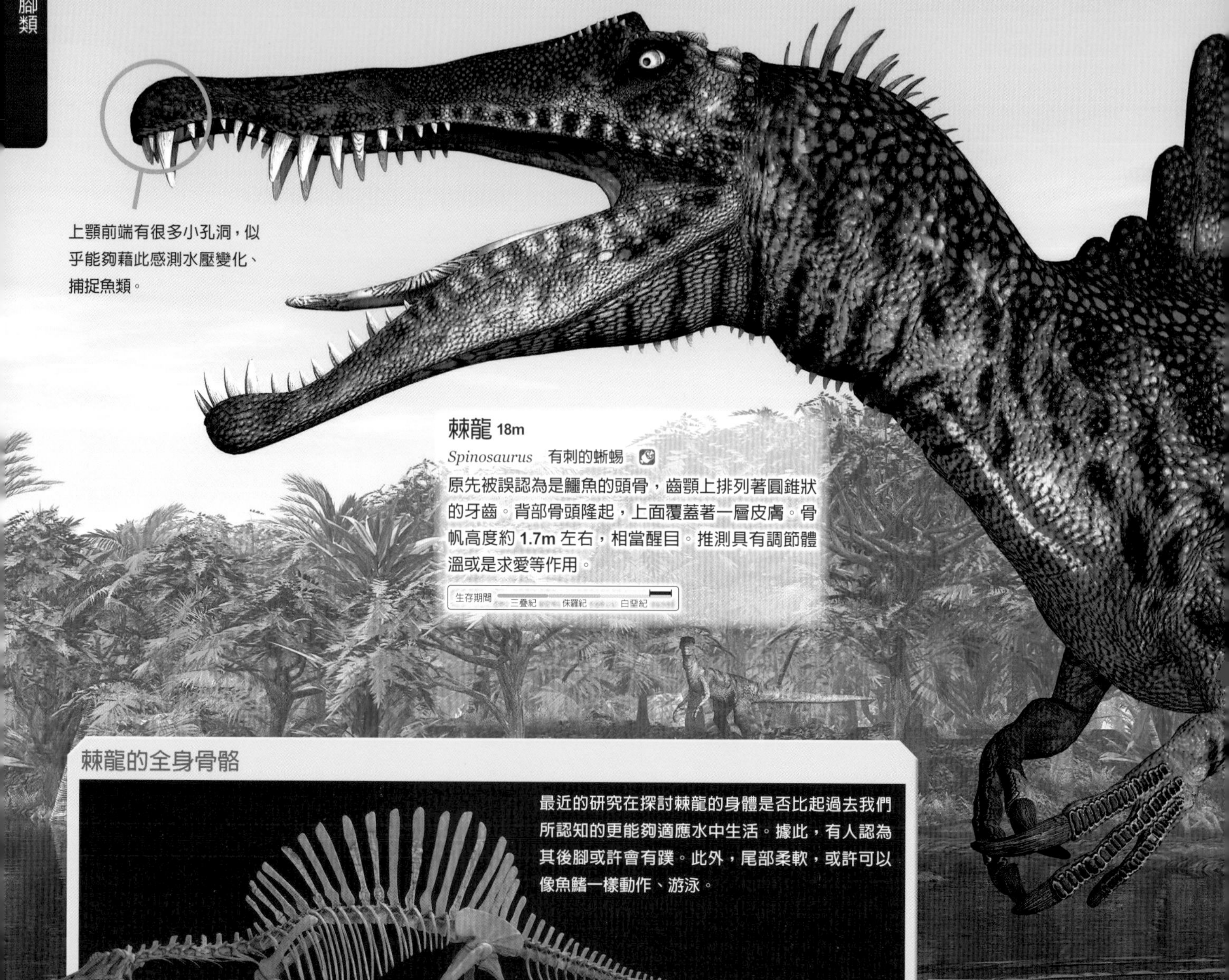

上顎前端有很多小孔洞，似乎能夠藉此感測水壓變化、捕捉魚類。

棘龍 18m

Spinosaurus 有刺的蜥蜴

原先被誤認為是鱷魚的頭骨，齒顎上排列著圓錐狀的牙齒。背部骨頭隆起，上面覆蓋著一層皮膚。骨帆高度約 **1.7m** 左右，相當醒目。推測具有調節體溫或是求愛等作用。

生存期間 三疊紀 侏羅紀 白堊紀

棘龍的全身骨骼

最近的研究在探討棘龍的身體是否比起過去我們所認知的更能夠適應水中生活。據此，有人認為其後腳或許會有蹼。此外，尾部柔軟，或許可以像魚鰭一樣動作、游泳。

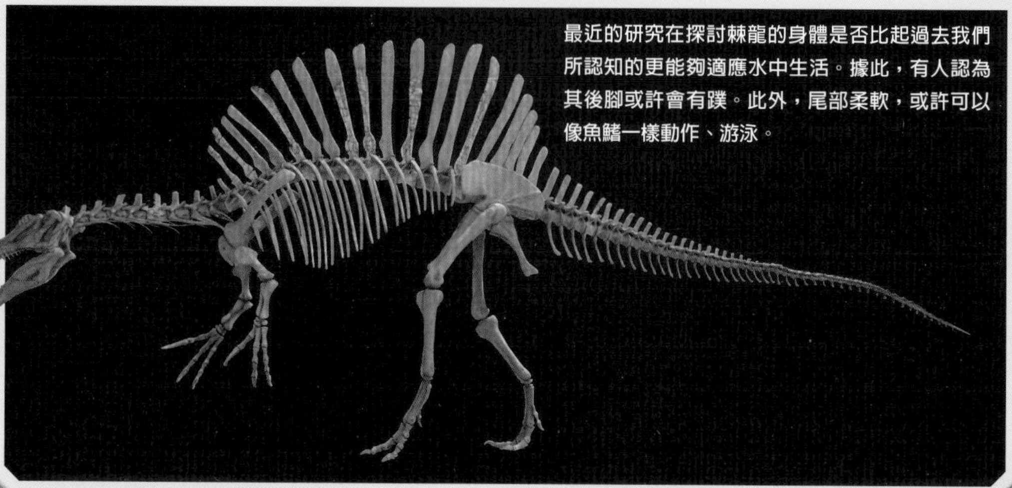

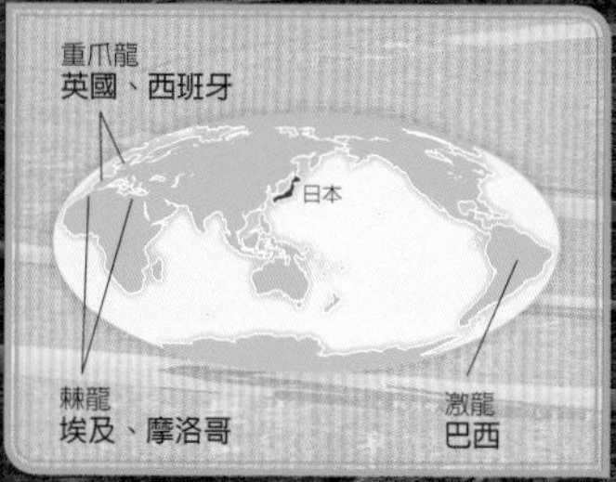
重爪龍
英國、西班牙
日本
棘龍
埃及、摩洛哥
激龍
巴西

小林博士的 原來如此！小專欄

吃魚的恐龍

推測棘龍族群會將細長的齒顎放入水中抓魚。尖銳的牙齒可以緊抓著獵物不放。事實上，就曾經在重爪龍化石的腹部中發現魚類以及禽龍的幼龍骨骸。所以認為棘龍族群可以在陸地，也可以在水中捕捉獵物。

插畫內的是棘龍族群中的似鱷龍。

重爪龍 8m

Baryonyx 沉重的鉤爪

頭部很像鱷魚，上下齒顎有九十六顆圓錐狀的長形牙齒。前腳拇指有很大的鉤爪。是目前唯一可以確認其生活在水邊、會吃魚的恐龍。

生存期間 三疊紀 侏羅紀 白堊紀

激龍 8m

Irritator 焦急者

在南美洲發現、唯一的棘龍族群，僅發現其頭骨。可以看到頭部上方有小小的突起物。也曾發現殘留在激龍牙齒上的翼龍脊椎骨。

生存期間 三疊紀 侏羅紀 白堊紀

只能在河川、湖泊、沼澤等附近找到棘龍族群。此外，在其化石附近也會找到很多魚類化石。

棘龍族群②

魚獵龍 9m 2012年發表

Ichthyovenator 獵魚者

在亞洲發現的棘龍族群。特徵是背部的帆狀物會分裂成前後兩截。

生存期間 三疊紀 侏羅紀 白堊紀

小林博士的 原來如此！小專欄

恐龍時代的爬蟲類

白堊紀時期，恐龍活躍於陸地，海洋與河川等水中則是爬蟲類的天下。鱷魚的祖先曾經也是相當巨大的生物。

帝鱷 12m

Sarcosuchus 肌肉鱷魚

現身於白堊紀前期的鱷魚族群。1997年與2000年時幾乎已在撒哈拉沙漠發現其完整的化石。

生存期間 三疊紀 侏羅紀 白堊紀

似鱷龍 11m

Suchomimus 貌似鱷魚

體型比重爪龍還龐大，約有一百顆牙齒。背部有帆狀物，應該沒有比棘龍高大。推測主要以魚類為食。

生存期間 侏羅紀 白堊紀

肉食性恐龍——似鱷龍與巨鱷——帝鱷的對戰

身長 11m 的似鱷龍（後）在水邊抓魚。似鱷龍進入水中的瞬間，立即就被躲在一旁、身長 12m 的帝鱷（前）襲擊。在那一瞬間，受到驚嚇的似鱷龍仍張開大口試圖威嚇對方。兩者互相怒視一陣子後，就結束了這場戰爭。

棘龍族群背部有大片的帆狀物。有助於調節體溫或是與其他物種作區別。

斑龍族群

小林博士的重點整理！

斑龍是世界上最早被發現化石的恐龍！

斑龍，學名意指「巨型蜥蜴」。齒顎的力量雖然不大，但是具有強壯的前腳，能夠藉此抓取獵物。

蠻龍 10m

Torvosaurus 野蠻的蜥蜴

從約 1.6m 的大型頭骨推測，牠們是侏羅紀時期最大型的肉食性恐龍。短小的前腳上有三根帶有尖銳鉤爪的腳趾。

生存期間 三疊紀 侏羅紀 白堊紀

草食性 肉食性

非洲獵龍的全身骨骼

非洲獵龍 9m

Afrovenator

非洲的獵人

近似於稱霸侏羅紀時代後期的大型肉食性恐龍——異特龍。眼睛上方有小型突起物，頭部稍微扁平、尖臉。

生存期間 三疊紀 侏羅紀 白堊紀

斑龍 9m

Megalosaurus 巨型蜥蜴

19 世紀時，最早在學會發表出來的恐龍，因而聞名於世。然而，因為化石不完整，所以無法清楚認識牠。是擁有強壯齒顎、尖銳牙齒的肉食性恐龍。

生存期間 三疊紀 侏羅紀 白堊紀

單脊龍 5.7m

Monolophosaurus

擁有一片頭冠的蜥蜴

特徵是在細長的頭上，從鼻子前端到眼睛之間有一片長且低矮的頭冠。頭冠中間空洞，沒有骨頭，所以無法作為武器，推測應該僅是用來分辨雌雄。

生存期間 三疊紀 侏羅紀 白堊紀

皮亞尼茲基龍 4.2m

Piatnitzkysaurus 皮亞尼茲基（人名）的蜥蜴

身體結構近似於異特龍。由於體型比生活在相同地區的蜥腳類更小，所以推測牠們會攻擊群體中的幼龍或是較孱弱的恐龍。

生存期間 三疊紀 侏羅紀 白堊紀

似松鼠龍 0.7m 2012年發表

Sciurumimus 長得像松鼠

曾發現身長 **70cm** 的幼龍。尾部連接處等有原始的羽毛痕跡。根據該發現，羽毛的起源可能比目前所認知的更古老。

三疊紀 侏羅紀 白堊紀

異特龍族群①

小林博士的重點整理！

自侏羅紀中期出現，直到白堊紀後期，皆以大型肉食性恐龍之姿，稱霸於陸地。其中，也有如南方巨獸龍般可以凌駕於暴龍之上的大型恐龍喔！

異特龍的全身骨骼

異特龍 8～12m

Allosaurus 特殊的蜥蜴

在侏羅紀的肉食性恐龍當中，是最大且最強壯的恐龍。擁有一顆大腦袋、齒顎內側有彎曲的刀狀牙齒、用來抓取東西的尖銳鉤爪等皆可以當作武器，使其迅速抓住獵物。

生存期間 侏羅紀 白堊紀

肉食性恐龍的牙齒

肉食性恐龍的牙齒尖銳、有著如牛排刀般，適合用來切割獵物的肉，這種牙齒稱作「鋸齒」。鋸齒是肉食性恐龍的共通特徵，仔細觀察會發現其實還各有千秋。

異特龍牙齒上的鋸齒狀會沿著牙齒旋轉，有助於切斷肉質。然而，牙齒細小、啃咬能力與咬碎骨頭的能力都不強，因此推測牠們僅能吃肉。被咬到肉的獵物，會因為受到驚嚇而大量出血、動彈不得。

暴龍的牙齒比異特龍的牙齒來得粗大、強壯。齒顎力量據說有8噸，能夠咬碎、食用獵物的骨頭。

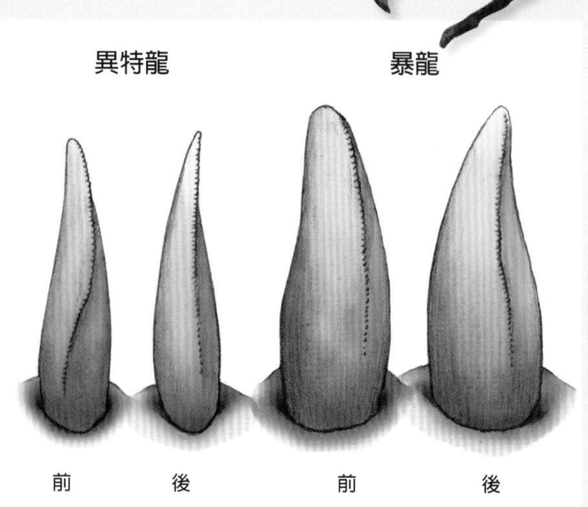

食蜥王龍 12m

Saurophaganax

吃爬蟲類的王者

在北美洲所發現，是侏羅紀時代最大的獸腳類恐龍。曾被認為是異特龍。

生存期間 三疊紀 侏羅紀 白堊紀

襲擊迷惑龍的異特龍

異特龍與迷惑龍的化石同時被發現。此外，因為也發現了被異特龍啃咬的迷惑龍骨骼，所以認為異特龍也會將比自己體型更大的迷惑龍當作獵物。也有可能是採用群體方式狩獵。

異特龍的體重約為 1.7 噸，3.5 隻異特龍等於 1 隻暴龍的重量。

異特龍族群②

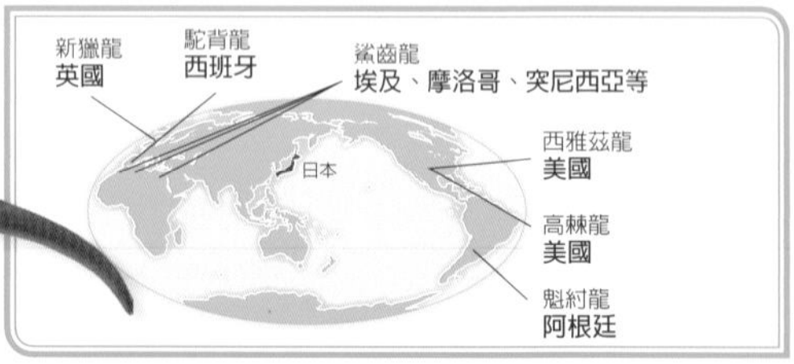

新獵龍
英國
駝背龍
西班牙
鯊齒龍
埃及、摩洛哥、突尼西亞等
日本
西雅茲龍
美國
高棘龍
美國
魁紂龍
阿根廷

魁紂龍 12m

Tyrannotitan 巨大的暴君

巨大的肉食性恐龍，根據計算，體重可達 6 噸。在異特龍族群當中，前腳算是比較小的。

生存期間 三疊紀 侏羅紀 白堊紀

魁紂龍的全身骨骼

鯊齒龍 12m

Carcharodontosaurus

擁有大白鯊牙齒的蜥蜴

和魁紂龍、南方巨獸龍並列為最大型肉食性恐龍，特徵是擁有很大的頭部。齒顎中排列著強壯的牙齒，會獵取大型草食性恐龍作為食物。偶爾也會搶奪其他恐龍已獵殺的獵物。

生存期間 侏羅紀 白堊紀

新獵龍 4.7m

Neovenator 新的獵人

在歐洲初次發現的異特龍族群，體型苗條。曾發現留有新獵龍齒痕的禽龍化石。推測牠們能夠善用快速的腳程，進行群體狩獵。

生存期間 三疊紀 侏羅紀 白堊紀

西雅茲龍 9～12m 2013年發表

Siats 美洲原住民神話中出現的怪物名稱

在北美發現的第三大肉食性恐龍，或許最大可以成長到12m 左右。據此推測異特龍族群興盛至白堊紀後期。

駝背龍 6m 2010年發表

Concavenator

昆卡（西班牙地名）背上長瘤的狩獵者

中型的獸腳類恐龍，背上有隆起的骨瘤，用途尚不明確。根據化石分析，推測可能長有羽毛。

小林博士的 原來如此！小專欄

異特龍族群有活到白堊紀後期嗎？

北美洲的異特龍族群雖然活躍在侏羅紀後期，但是卻沒有在白堊紀地層中發現其化石。隨著西雅茲龍的化石在白堊紀後期的地層中發現，所以也將目前認知的異特龍生存時間延長了 1 億年。

高棘龍 12m

Acrocanthosaurus 擁有高聳突起物的蜥蜴

體型比南方巨獸龍稍小。齒顎內側彎曲，周邊排列著鋸齒狀的牙齒。從頭部到尾部有突起物，周邊的肌肉發達。

異特龍族群③

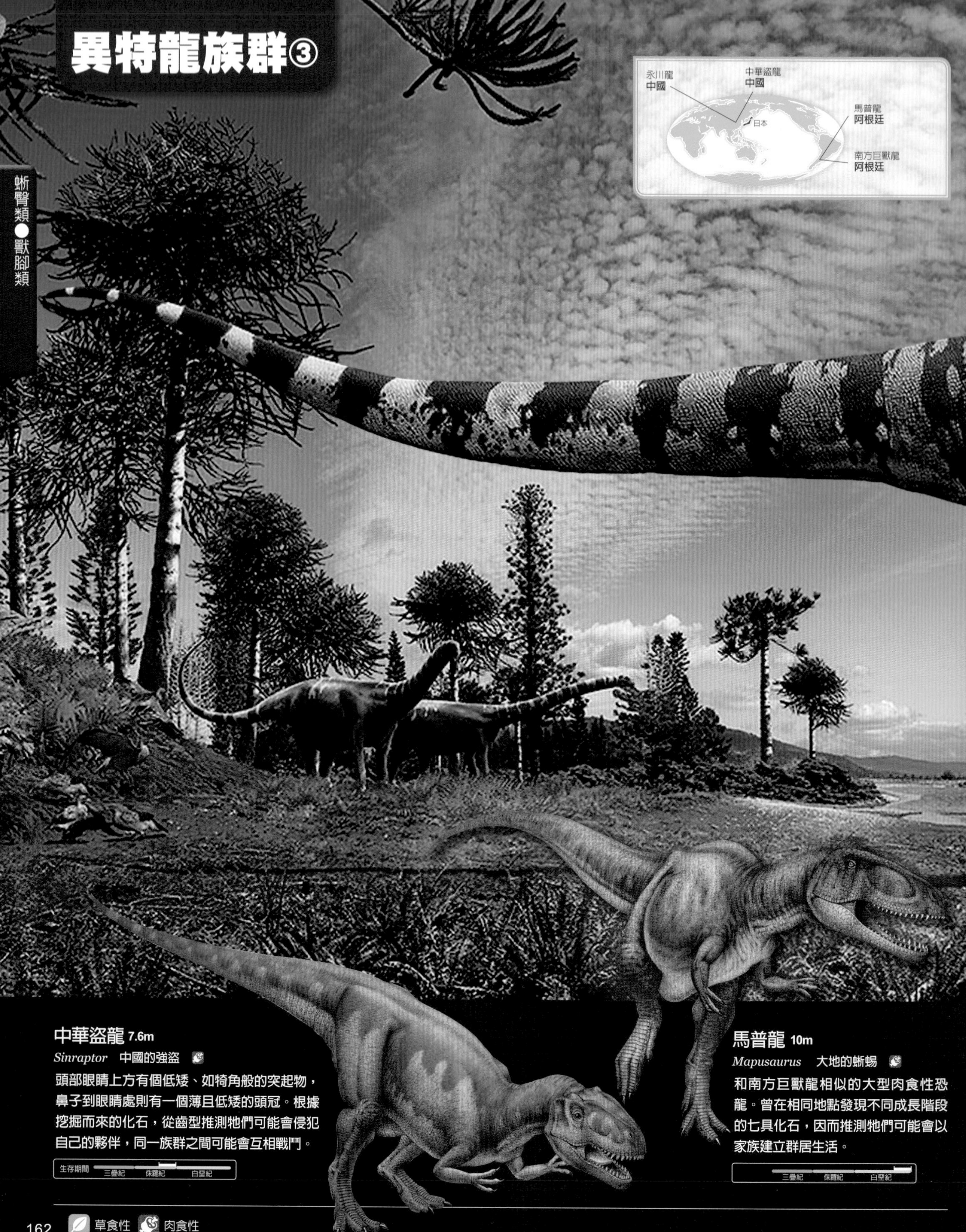

中華盜龍 7.6m

Sinraptor 中國的強盜

頭部眼睛上方有個低矮、如犄角般的突起物，鼻子到眼睛處則有一個薄且低矮的頭冠。根據挖掘而來的化石，從齒型推測牠們可能會侵犯自己的夥伴，同一族群之間可能會互相戰鬥。

生存期間 三疊紀 侏羅紀 白堊紀

馬普龍 10m

Mapusaurus 大地的蜥蜴

和南方巨獸龍相似的大型肉食性恐龍。曾在相同地點發現不同成長階段的七具化石，因而推測牠們可能會以家族建立群居生活。

三疊紀 侏羅紀 白堊紀

南方巨獸龍 12.5m

Giganotosaurus 巨大的南方蜥蜴

與鯊齒龍是近親，是最大型的肉食性恐龍。牠們的獵物是生存在南美洲平原的泰坦巨龍族群等巨大蜥腳類恐龍。腳程不快，但是嗅覺敏銳，推測牠們狩獵時會從旁伺機而動。

生存期間 三疊紀 侏羅紀 白堊紀

永川龍 10m

Yangchuanosaurus 永川（中國地名）的蜥蜴

與異特龍族群的體型相似，脊椎上有高聳的突起物，周圍附有肌肉。臉部從鼻子到眼睛，有一對低矮的頭冠。

生存期間 三疊紀 侏羅紀 白堊紀

從侏羅紀到白堊紀中期，異特龍族群比暴龍族群在全世界更為活躍。

原始的虛骨龍類族群

小林博士的重點整理！

虛骨龍類族群是小型、動作迅速的肉食性恐龍族群！會用比其他肉食性恐龍較長的前腳抓取獵物。此外，比起體型，腦部的比例較大。長有羽毛的可能性也蠻高的。

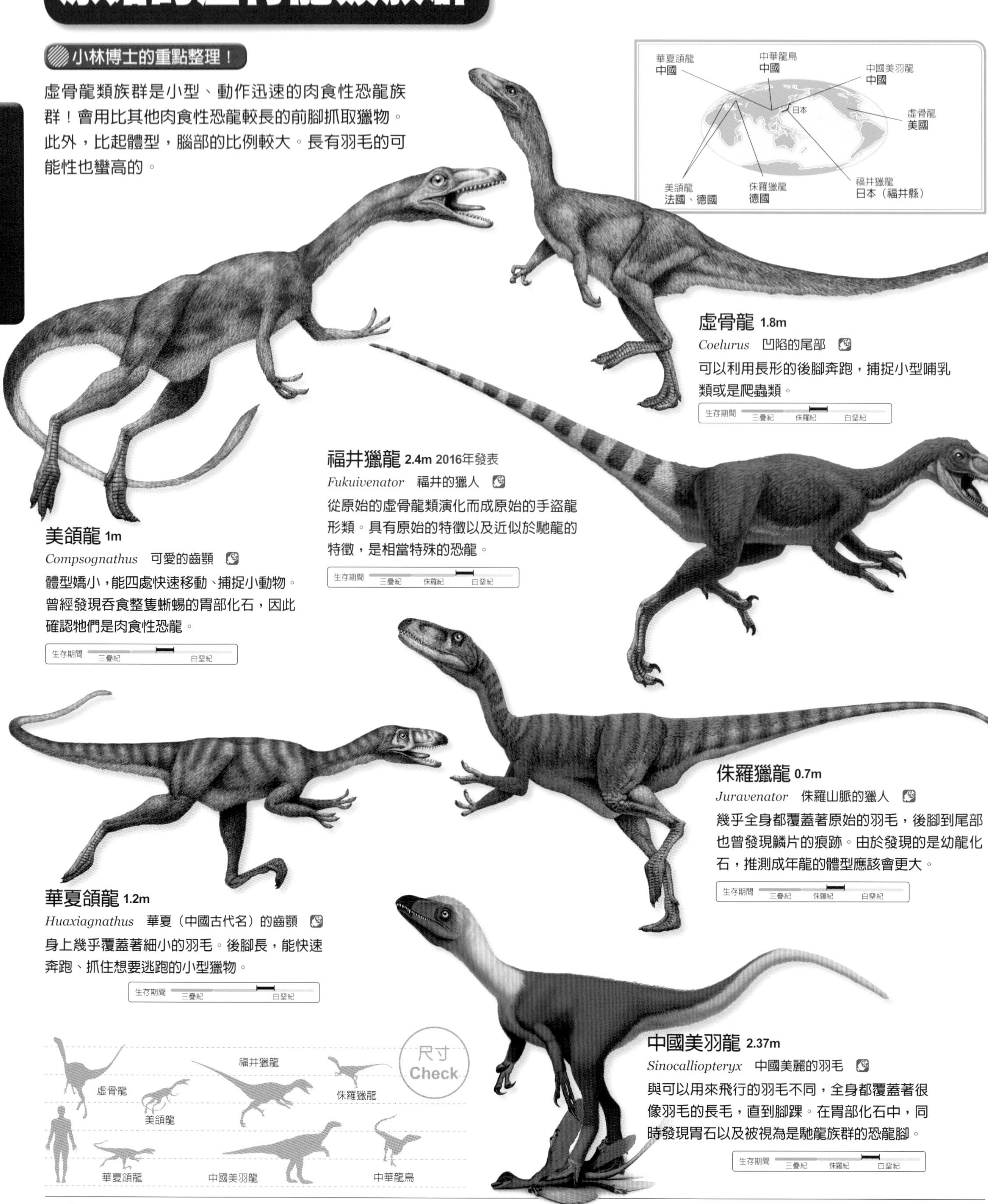

虛骨龍 1.8m

Coelurus 凹陷的尾部

可以利用長形的後腳奔跑，捕捉小型哺乳類或是爬蟲類。

生存期間 三疊紀 侏羅紀 白堊紀

福井獵龍 2.4m 2016年發表

Fukuivenator 福井的獵人

從原始的虛骨龍類演化而成原始的手盜龍形類。具有原始的特徵以及近似於馳龍的特徵，是相當特殊的恐龍。

生存期間 三疊紀 侏羅紀 白堊紀

美頜龍 1m

Compsognathus 可愛的齒顎

體型嬌小，能四處快速移動、捕捉小動物。曾經發現吞食整隻蜥蜴的胃部化石，因此確認牠們是肉食性恐龍。

生存期間 三疊紀 白堊紀

侏羅獵龍 0.7m

Juravenator 侏羅山脈的獵人

幾乎全身都覆蓋著原始的羽毛，後腳到尾部也曾發現鱗片的痕跡。由於發現的是幼龍化石，推測成年龍的體型應該會更大。

生存期間 三疊紀 侏羅紀 白堊紀

華夏頜龍 1.2m

Huaxiagnathus 華夏（中國古代名）的齒顎

身上幾乎覆蓋著細小的羽毛。後腳長，能快速奔跑、抓住想要逃跑的小型獵物。

生存期間 三疊紀 白堊紀

中國美羽龍 2.37m

Sinocalliopteryx 中國美麗的羽毛

與可以用來飛行的羽毛不同，全身都覆蓋著很像羽毛的長毛，直到腳踝。在胃部化石中，同時發現胃石以及被視為是馳龍族群的恐龍腳。

生存期間 三疊紀 侏羅紀 白堊紀

小林博士的 原來如此！小專欄

發現羽毛恐龍

曾經推測恐龍應該會像蜥蜴或是鱷魚一樣覆蓋著鱗片。然而，近年來卻陸續發現了恐龍長有羽毛的證據。

1990 年，中國遼寧省發現了不可思議的恐龍化石。從 1 億 2500 萬年前的地層中發現了幾乎完整的全身骨骼，從頭部到尾部都長有羽毛。該恐龍被命名為中華龍鳥。

繼上述發現之後，又陸續發現了其他的羽毛恐龍。擁有四隻翅膀的小盜龍、原始的暴龍族群——帝龍等，不斷有重大的發現。羽毛覆蓋在身體上，就好像穿了一件洋裝，能夠維持身體溫暖。中華龍鳥以及帝龍等小型獸腳類恐龍，很可能是身體溫暖的恆溫性（內溫性）動物。

2012 年，在大型獸腳類恐龍、暴龍族群——羽暴龍化石上發現了羽毛痕跡。此外，2014 年，也從原始的鳥臀類恐龍——庫林達奔龍化石中得知恐龍身上可能會長出各式各樣的羽毛。身上包裹著羽毛的恐龍，可能比我們目前所認知的還要多更多。

中華龍鳥 1m

Sinosauropteryx 中華龍鳥

全世界第一隻被發現擁有羽毛的恐龍。在其羽毛上發現了黑色素，推測其尾部應該是有一明一暗的帶狀斑紋。這隻恐龍證實了恐龍會演化成鳥類的說法。

三疊紀 侏羅紀 白堊紀

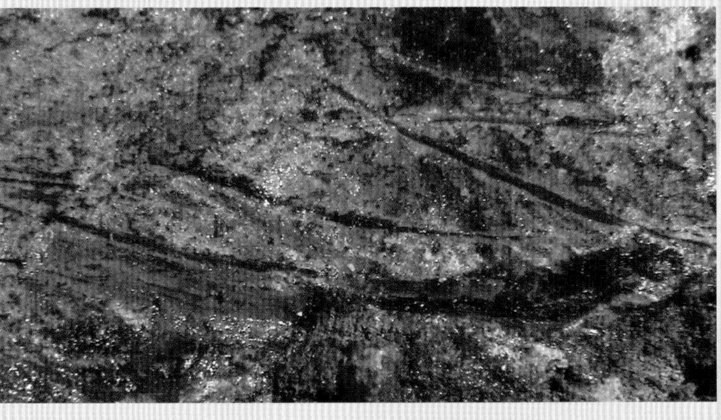

◀中華龍鳥會長出絨毛狀的羽毛。

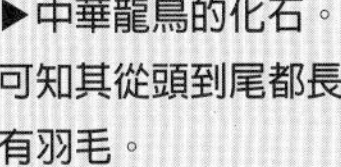

▶中華龍鳥的化石。可知其從頭到尾都長有羽毛。

▲原始的暴龍族群——帝龍

▲在空中滑行的小盜龍

▲大型獸腳類恐龍——羽暴龍

▲擁有羽毛的鳥臀類恐龍——庫林達奔龍

美頜龍身高約 1m，有一半以上是尾部，身體部分實際上僅有公雞大小。

暴龍族群①

小林博士的重點整理！

暴龍族群從侏羅紀到白堊紀前期，在歐洲與亞洲地區不斷演化。當時還只是很小型的肉食性恐龍。之後橫越北美洲、演化成為暴龍族群，曾是體型最大、最強壯的肉食性恐龍！

小林博士的 原來如此！小專欄

暴龍身上長有羽毛嗎？

暴龍祖先族群——帝龍身上長有羽毛。然而，暴龍這種大型恐龍或許不需要用來保溫的羽毛。根據這一點，有些學者認為可能會在幼龍時期長出羽毛，隨著成長、羽毛會自行掉光。

暴龍 12～13m

Tyrannosaurus 暴君蜥蜴

以最大型肉食性恐龍聞名於世。刀狀的牙齒有**14cm**，強壯的齒顎可以咬碎獵物的骨頭。視覺與嗅覺都很發達，推測牠們會建立小型的群體。

Q&A Q. 暴龍的奔跑速度為何？ A. 根據計算，時速約為 **28km**，但是年輕暴龍應該可以跑得更快。

暴龍族群②

特暴龍的狩獵行為

特暴龍會鎖定草食性恐龍——鐮刀龍族群為獵物。
鐮刀龍族群則會用尖銳的鉤爪保護自己。

特暴龍 10m

Tarbosaurus 警示的蜥蜴

亞洲最大的肉食性恐龍。
和暴龍非常相似，體型較為纖細。
眼睛上方有小型突起物。

生存期間 三疊紀 侏羅紀 白堊紀

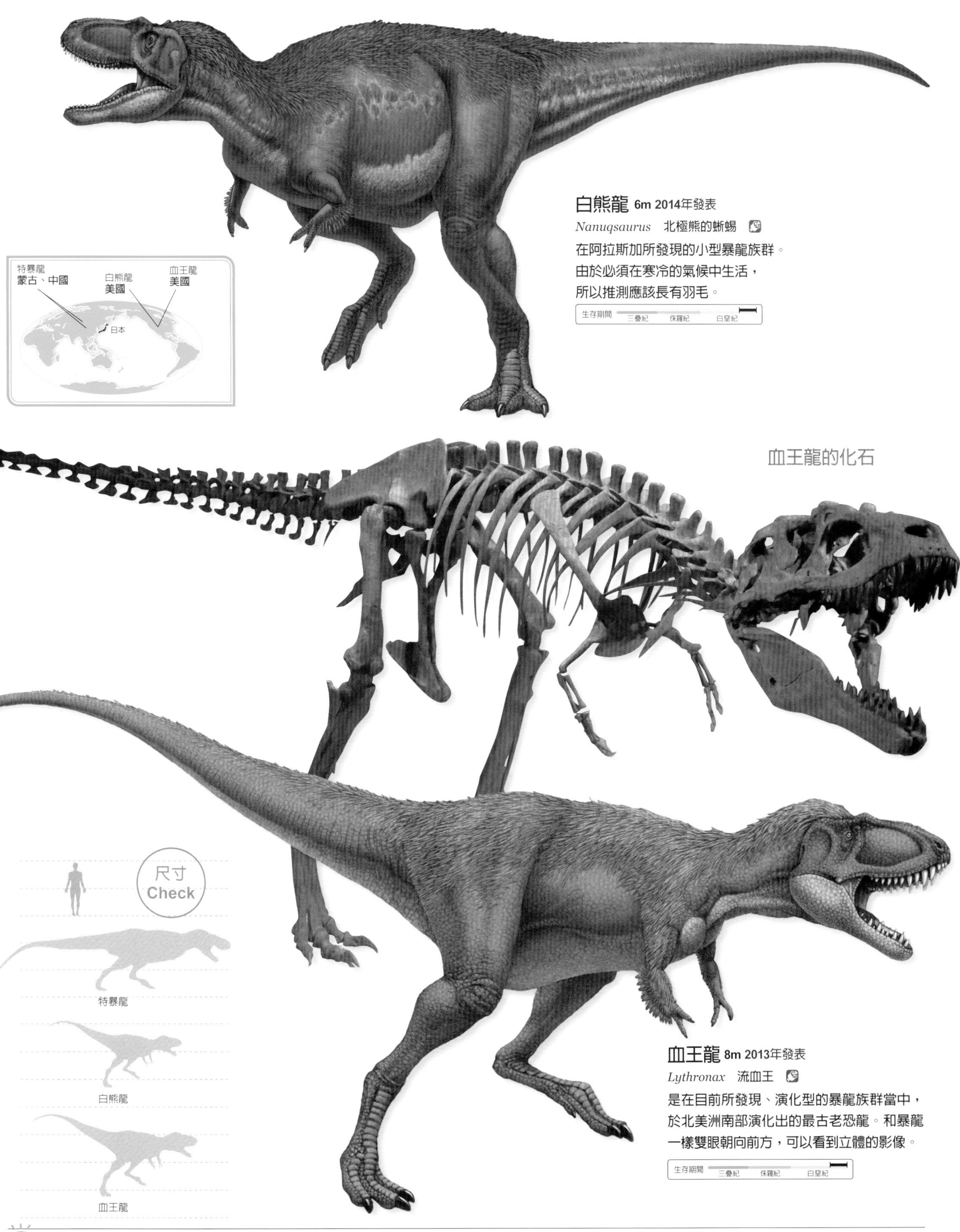

白熊龍 6m 2014年發表

Nanuqsaurus 北極熊的蜥蜴

在阿拉斯加所發現的小型暴龍族群。由於必須在寒冷的氣候中生活，所以推測應該長有羽毛。

血王龍 8m 2013年發表

Lythronax 流血王

是在目前所發現、演化型的暴龍族群當中，於北美洲南部演化出的最古老恐龍。和暴龍一樣雙眼朝向前方，可以看到立體的影像。

演化型的暴龍除了體型變大，頭部也變得寬大。此外，前腳較小，有兩根趾頭。

暴龍族群③

分支龍 6m

Alioramus 分歧

細長的面孔上，從鼻子上方往頭頂方向排列著五個小犄角狀的突起物。如果要藉此攻擊敵人，會顯得不太夠力，所以推測應該只是為了區分族群或是用來分辨雄雌。

生存期間 三疊紀 侏羅紀 白堊紀

虔州龍 9m 2014年發表

Qianzhousaurus 虔州（中國古地名）的蜥蜴

鼻子前端延伸得很長，所以被暱稱為「皮諾丘王（小木偶）」。與分支龍是近親，齒顎較長的暴龍族群在亞洲的分布範圍極廣。

生存期間 三疊紀 侏羅紀 白堊紀

懼龍 8～9m

Daspletosaurus 可畏的蜥蜴

比暴龍體型略小的恐龍，似乎會威嚇比自己更大型的恐龍。或許會採取群體狩獵。

生存期間 三疊紀 侏羅紀 白堊紀

獨龍 5m

Alectrosaurus 孤獨的蜥蜴

整體姿態近似於暴龍，是尺寸約 **5m** 的中型肉食性恐龍。推測近似於冠龍類。

生存期間 三疊紀 侏羅紀 白堊紀

艾伯塔龍 9m

Albertosaurus 艾伯塔（加拿大地名）的蜥蜴

近似於暴龍，但是體型稍小且苗條。適合快速奔跑。前腳較小，有兩根趾頭。即使強壯的牙齒斷裂，下方也還有預備用的小型牙齒。

生存期間 三疊紀 侏羅紀 白堊紀

曾發現艾伯塔龍的化石群。推測牠們可能會採取群體行動。

暴龍族群④

蛇髮女怪龍 8～9m

Gorgosaurus 粗暴的蜥蜴

近似於艾伯塔龍，差別在於蛇髮女怪龍的眼睛在兩側、牙齒數量較少。頭骨龐大，約 1m。

怪獵龍 6.7m 2011年發表

Teratophoneus 可怕的殺戮者

在美國猶他州南部、7500 萬年前的地層中發現其化石。頭骨和暴龍比較起來，較為窄小。和比斯提毀滅龍比較起來則更為原始。

比斯提毀滅龍 9m 2010年發表

Bistahieversor

比斯蒂荒地（美國地名）的破壞者

與艾伯塔龍以及懼龍生存於同一時期，活躍於北美洲南部。和下一時期的暴龍一樣，齒顎厚實、啃咬的力道強勁。

蛇髮女怪龍的狩獵行為

蛇髮女怪龍會將棘面龍的幼龍當作狩獵目標。棘面龍的幼龍還沒有健壯得足以保護自己的犄角。因此，身為父母的棘面龍必須出面保護孩子。

暴龍族群⑤

小林博士的重點整理！

這裡要介紹的是更原始的暴龍族群喔！
暴龍的祖先族群是在歐洲與亞洲地區進行演化。

五彩冠龍 3m

Guanlong 冠龍 肉食性

近似於羽毛恐龍——帝龍，是原始的暴龍族群。因此，推測身上應該長有羽毛。前腳比暴龍長，頭上有冠狀突起物。

生存期間 三疊紀 侏羅紀

帝龍 1.6～2m

Dilong 皇帝的龍 肉食性

更原始的暴龍族群。已在化石上發現羽毛痕跡，得知全身都覆蓋著羽毛。並不是為了像鳥類那樣飛翔，而是為了維持體溫。

生存期間 三疊紀 侏羅紀 白堊紀

雄關龍 1.5m 2010年發表

Xiongguanlong 嘉峪關（中國地名）的龍 肉食性

有七十顆以上的牙齒，算是中型的肉食性恐龍。特徵是具有長且扁平的頭骨。

生存期間 三疊紀 侏羅紀 白堊紀

羽暴龍 9m 2012年發表

Yutyrannus 披著羽毛的暴君

初次從大型獸腳類恐龍化石發現羽毛的痕跡。推測可能全身都覆蓋著羽毛。此外，頭上有頭冠。

暴蜥伏龍 3m

Raptorex 強盜大王

原始的暴龍族群。從化石推測應該是六歲，身長約 3m，體重 60kg，尺寸大約是暴龍的百分之一。頭大、前腳短等暴龍的特徵都具備。如果該化石存在於白堊紀後期，很可能就是特暴龍的幼龍。

始暴龍 4m

Eotyrannus 黎明的暴君

在歐洲被發現的原始暴龍族群。前腳長，有三根趾頭。

原始的暴龍族群體型小，身體上長有羽毛。前腳有三根趾頭。

暴龍族群 ⑥

小林博士的重點整理！

以福井盜龍為首，本頁出現的恐龍有些曾經分類在異特龍族群。不過，根據最近的研究，推測應分類在原始的暴龍族群！

福井盜龍的全身骨骼

福井盜龍 4.2m

Fukuiraptor 福井（日本地名）的強盜

日本第一隻全身骨骼完全復原的肉食性恐龍。

生存期間 三疊紀 侏羅紀 白堊紀

氣腔龍 9m

Aerosteon 空氣骨頭

身體上有羽毛，像現今的鳥類一樣，肺部後方有氣囊。

生存期間 三疊紀 侏羅紀 白堊紀

南方獵龍 6m

Australovenator 南方的獵人

前腳粗大，有三根尖銳的鉤爪。史無前例地在澳洲發現了完整的全身骨骼化石。

生存期間 三疊紀 侏羅紀 白堊紀

小林博士的 原來如此！小專欄

暴龍的演化（小林快次 博士）

暴龍族群從侏羅紀的原角鼻龍開始到白堊紀末期滅絕、演化成超級肉食性恐龍暴龍為止，花了 1 億年以上的時間。

目前所發現、最原始的暴龍族群是歐洲的原角鼻龍，在 1 億 6000 萬年以上的侏羅紀地層中發現了牠們的化石。也在歐洲找到了白堊紀前期的始暴龍。

亞洲方面則發現長有羽毛的帝龍，以及擁有頭冠的五彩冠龍等原始的暴龍族群。

根據這些化石，可以推測原始的暴龍族群都是在歐洲與亞洲地區演化。最後才終於有阿巴拉契亞龍等暴龍族群進出北美洲大陸。

在亞洲發現的原始暴龍族群

▲帝龍

▲五彩冠龍

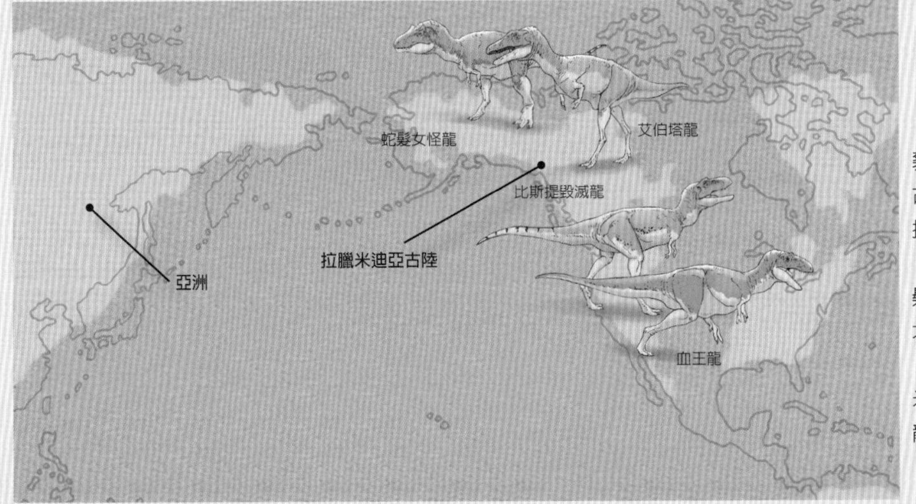

白堊紀中期，海洋範圍擴大，北美洲大陸分裂為西側的拉臘米迪亞古陸以及東側的阿帕拉契古陸。白堊紀後期的 9000 萬～ 8200 萬年前，拉臘米迪亞古陸的北部出現了演化型的暴龍。

在這些演化型的暴龍當中，還有更原始的蛇髮女怪龍、艾伯塔龍、懼龍等在拉臘米迪亞古陸北部被發現。

之後，暴龍族群的生活範圍也擴大到了拉臘米迪亞古陸南部，並且出現怪獵龍、比斯提毀滅龍、血王龍等暴龍族群。

白堊紀後期，海洋退縮，陸地面積再次擴大。暴龍族群分布在整個拉臘米迪亞古陸上，甚至穿越白令陸橋，橫渡至亞洲地區。當時，角龍類及鴨嘴龍類也橫渡至亞洲。肉食性恐龍的遷移或許是為了跟隨這些作為獵物的草食性恐龍。亞洲也出現了和暴龍非常相似的特暴龍。

白堊紀末期，超級肉食性恐龍——暴龍（Tyrannosaurus rex）登場，並且活躍至 6600 萬年前的大滅絕時期。

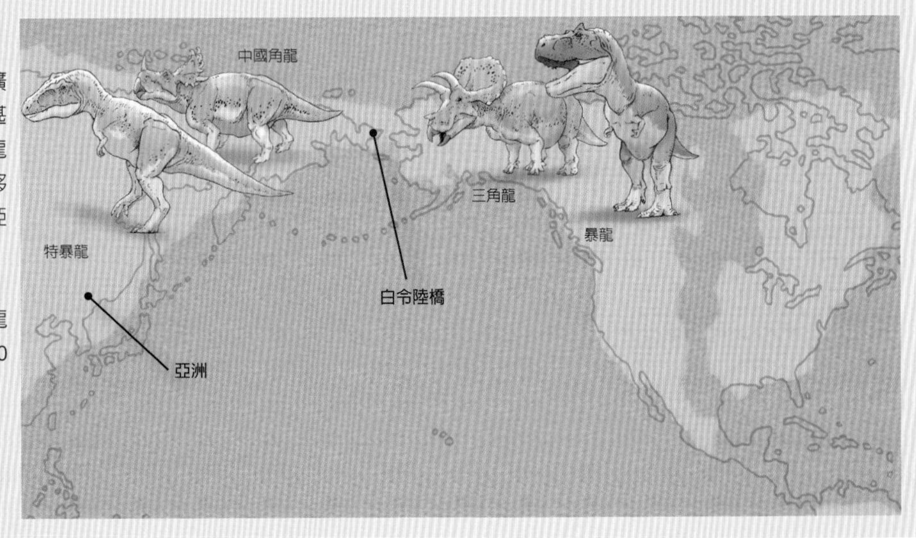

暴龍大解剖！（小林快次 博士）

白堊紀後期到 6600 萬年前的大滅絕為止，暴龍以最強肉食性恐龍之姿，君臨天下。不僅是因為全長 12m，還包含體重、頭部尺寸，皆完全制霸其他肉食性恐龍。甚至超越肉食性恐龍，簡直就是超級肉食性恐龍！

超級肉食性恐龍！暴龍

暴龍全長 12m，體重達 7 噸，是巨大的肉食性恐龍。齒顎內排列著巨大的牙齒，是其強大的武器。齒顎的啃咬力量可達 8 噸。

推測暴龍不僅會狩獵，也會食用已死亡的動物。理由是其體型過大，奔跑速度不快，時速僅有約 28km，這個說法相當有說服力。此外，其腦部能感知氣味的區塊比例較大，近似於會獵取屍體的安地斯神鷹，也是推測暴龍會食用已死亡動物的理由之一。

然而，根據最新研究，暴龍的嗅覺敏銳度，比起其他肉食性恐龍的能力更強。這種敏銳的嗅覺能夠讓牠們發現遠處的生物，強壯的齒顎能夠咬死在昏暗處休息的獵物。暴龍簡直超越了肉食性恐龍，根本是超級肉食性恐龍！

▶收藏在美國 · 芝加哥自然科學博物館內的暴龍骨骼。暱稱「蘇」。是在目前發現的化石中，體型最大的暴龍全身骨骼。

◀▲暴龍牙齒呈鋸齒狀，像牛排刀一樣不規則。

▲據說暴龍的幼龍身上長有羽毛。

▲矮暴龍（5m）

▲成年暴龍（12m）

暴龍的成長

成年暴龍與幼龍的體型有很大的差異。讓我們來比較一下，成年暴龍（12m）與矮暴龍（5m）的全身骨骼。一些研究認為矮暴龍或許就是暴龍的幼體（幼龍），從該化石中可以推測出是年輕的暴龍骨骼。

矮暴龍的骨頭比成年暴龍來得纖細，和自己的身體比較起來腿部的比例較修長。根據這些特徵，推測暴龍在幼龍時期的體型比較輕盈、腳程也比較快速。暴龍到了十二歲左右體型會快速變大。成年後，骨頭會變得又粗又硬，頭骨也會變得巨大。

暴龍的糞便

1998 年，曾在加拿大發現長 44cm、重 7.1kg 的巨大糞便化石，比起先前所發現的糞便化石大了兩倍以上。在該糞便化石當中發現了應該是角龍類頭盾的大量骨頭碎片。所以推測排泄出該糞便的恐龍，進食時應該會咬碎整隻獵物的骨頭。從該糞便的尺寸、食物殘渣看來，很可能就是暴龍的糞便。

暴龍是如何狩獵的呢？事實上，很可能是由親子一起合作狩獵。暴龍在十二歲左右體型會快速變大，但是年輕暴龍的體型較輕盈、腳程也快速。所以或許是由腳程快速的年輕暴龍先追趕獵物，再由具有強壯齒顎的父母咬斷獵物的喉嚨。

◀追趕著三角龍的年輕暴龍。

從暴龍的糞便化石可以推測牠們會咬碎鳥臀類幼龍的骨頭後吞食。

似鳥龍族群①

小林博士的重點整理！

似鳥龍族群因為和鴕鳥長得很像，所以經常被暱稱為「鴕鳥恐龍」。長形的頸部上有顆小巧的頭，細長的齒顎前端長得很像鳥喙。雖然擁有小巧的牙齒，但是演化後的似鳥龍族群則幾乎沒有牙齒。雖然是獸腳類，卻並非肉食性，主要食物是植物。此外，腳程和鴕鳥一樣快，可以在白堊紀的大地上用極快的速度奔跑。

似鴕龍的化石

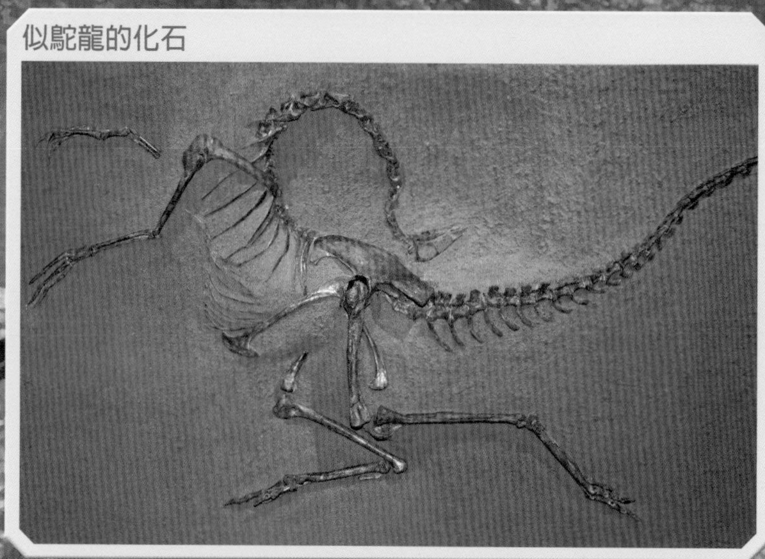

似駝龍 4.3m

Struthiomimus　貌似駝鳥

具有長且強壯的後腳，能像駝鳥一樣快速奔跑，時速可達 **50 ～ 80km**。嘴部前端沒有牙齒，會利用喙部啄取植物。

生存期間　三疊紀　侏羅紀　白堊紀

中國似鳥龍 2m

Sinornithomimus　貌似鳥

特徵是擁有三根具有鉤爪的細長指頭，以及長頸。喙部沒有牙齒，適合啄取植物。

生存期間　三疊紀　侏羅紀　白堊紀

曾發現中國似鳥龍的化石群，推測牠們可能會採取群體行動。

似鳥龍族群②

似鳥龍的全身骨骼

似鳥龍 3.8～4.8m

Ornithomimus 長得像鳥的生物

具備近似於鴕鳥的骨骼、長腳等特徵，
推測應該是腳程很快的恐龍。
擁有喙部，因而判定應該是草食性恐龍。
已知其身上長有羽毛。

生存期間 三疊紀 侏羅紀 白堊紀

小林博士的 原來如此！小專欄

大型的似鳥龍

根據古生物學者——奧塞內爾．查利斯．馬什（Othniel Charles Marsh）的研究，由於其手部與足部的部分化石與鳥類骨骼非常相似，故將這些化石的主人命名為似鳥龍（Ornithomimus= 長得像鳥的生物）。

等到發現似鳥龍的完整骨骼後，得知其擁有小巧的頭部、長頸、長後腳，和鴕鳥等大型不會飛行的鳥類極為相似。

  草食性 肉食性

小林博士的 原來如此！小專欄

擁有羽毛的鴕鳥恐龍

曾在加拿大西部的亞伯達省、距今 7500 萬年前的地層中發現三具似鳥龍的化石，化石上留有羽毛的痕跡。其中，在成年體（成年龍）的化石前腳處發現了翅膀羽毛的痕跡。另一方面，幼體（幼龍）的化石上只有看到用來維持體溫的羽毛，並沒有翅膀的痕跡，因此認為翅膀應該是隨著成長才慢慢成形。

似鳥龍的翅膀並無法在天空中飛翔，推測可能只是為了吸引雌性，或是幫蛋保暖用。

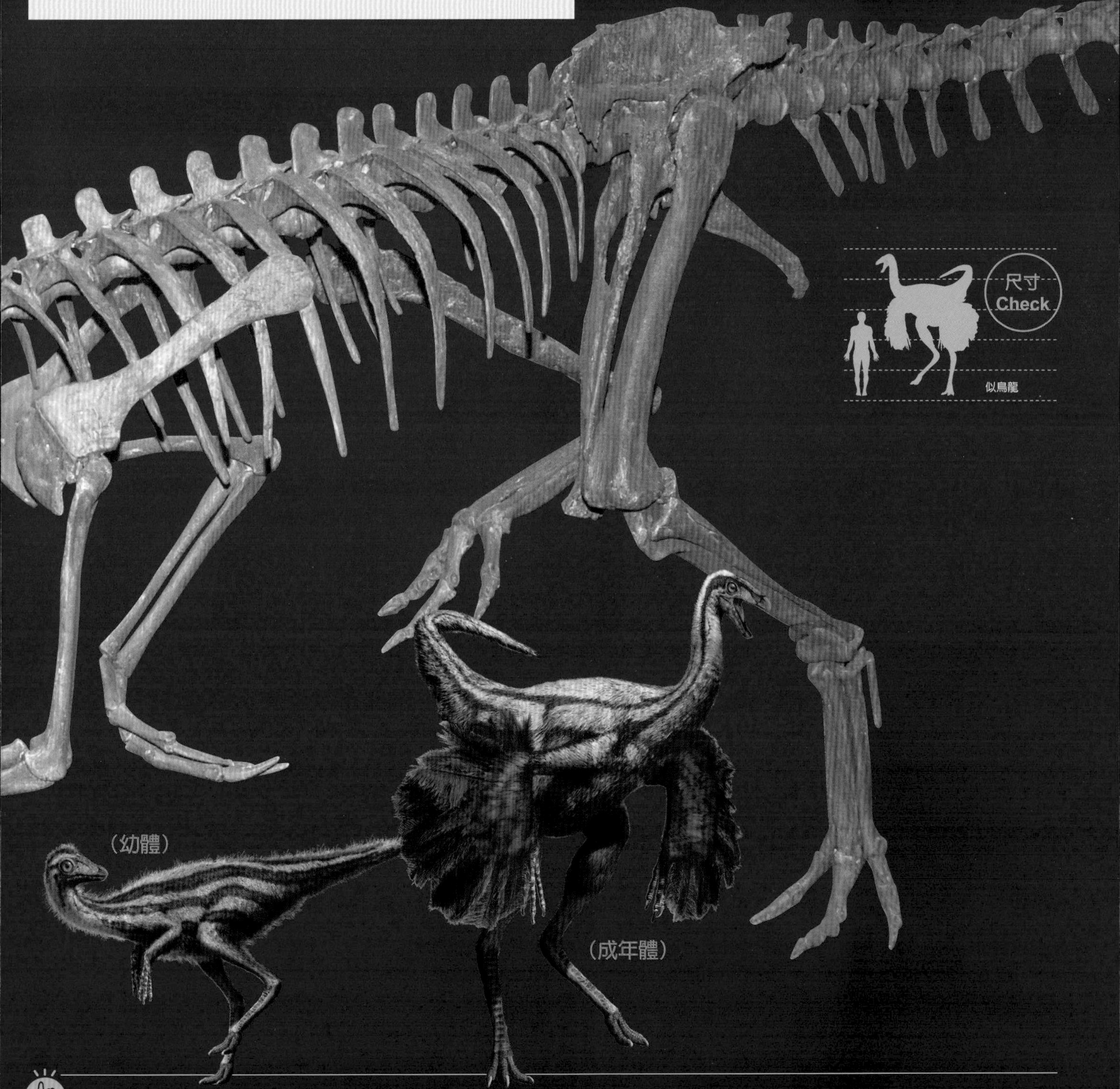

尺寸 Check

似鳥龍

（幼體）

（成年體）

似鳥龍族群是草食性恐龍，推測會為了逃離肉食性恐龍而奔跑。

似鳥龍族群③

恐手龍 11m

Deinocheirus 可怕的手

曾有很長一段時間，被歸類為謎樣的恐龍，直到 **2006** 年以及 **2009** 年又挖掘出兩具化石後，才了解其整體樣貌。齒顎前端有扁平的喙部，背部有一片大型骨帆。會吃植物以及魚類，屬於雜食性恐龍。

生存期間 三疊紀 侏羅紀 白堊紀

似鳥龍族群④

似鵜鶘龍 2m

Pelecanimimus 貌似鵜鶘

和鵜鶘長得很像，喉嚨處的皮膚呈袋狀，沒有擴大需求時會縮在一起。擁有兩百顆以上適合用來咬碎食物的小巧牙齒。

生存期間 三疊紀 侏羅紀 白堊紀

似鳥身女妖龍 2m

Harpymimus

貌似鳥身女妖（神話中的鳥）

在似鳥龍族群當中，擁有較原始的特徵，上顎留有小巧的牙齒。

生存期間 三疊紀 侏羅紀 白堊紀

似雞龍 4m

Gallimimus 貌似公雞

似鳥龍族群當中的大型恐龍。前腳與腳趾較短，缺乏柔軟度，似乎無法確實抓取東西。

生存期間 三疊紀 侏羅紀 白堊紀

北山龍 6m 2010年發表

Beishanlong 北部山上的恐龍

曾在中國西北部發現一部分骨骼。是目前所知最大型的似鳥龍族群。根據所發現的化石顯示，死亡時還未完全長大。

生存期間 三疊紀 侏羅紀 白堊紀

阿瓦拉慈龍族群①

鳥面龍 0.6m

Shuvuuia 鳥（蒙古語的鳥）

小型的身體上長有羽毛，齒顎上有小巧的牙齒，上顎可以像鳥類一樣活動。前腳較短，會利用較粗的拇指挖土、破壞昆蟲的巢穴。

生存期間 三疊紀 侏羅紀 白堊紀

小林博士的重點整理！

短小的前腳上，有一根鉤爪。實際上應該有三隻趾頭，但是另外兩隻太短。推測牠們會利用強壯的鉤爪破壞白蟻窩，並且食用蟻窩內的白蟻，但是詳情無從可知。後腳長，推測腳程應該很迅速。

阿瓦拉慈龍 2m

Alvarezsaurus

阿瓦拉慈（人名）的蜥蜴

在獸腳類當中，最近似於鳥類的恐龍。短小的前腳上有大型的鉤爪，會利用較長的後腳快速奔跑。

生存期間 三疊紀 侏羅紀 白堊紀

亞伯達爪龍 0.7m

Albertonykus 亞伯達（加拿大地名）的蜥蜴

是在阿瓦拉慈龍族群當中，最小型的恐龍。推測牠們會利用前腳的鉤爪，破壞建築在森林裡樹幹上的白蟻窩，並且食用蟻窩內的白蟻。

生存期間 三疊紀 侏羅紀 白堊紀

阿瓦拉慈龍族群的前腳較短，但是具有很強壯的肌肉，可以進行強力的攻擊。

阿瓦拉慈龍族群②

簡手龍 2m 2010年發表

Haplocheirus 單純的手

在目前發現的阿瓦拉慈龍族群中，處於最古老時代的化石。短小的前腳上長有翅膀，具有鳥類的特徵。牙齒小巧，推測會食用蜥蜴或是小型的哺乳類。

生存期間 三疊紀 侏羅紀 白堊紀

角爪龍 0.5 2m

Ceratonykus 有角的鉤爪

特徵是身體上長有羽毛，短短的前腳上有粗大的鉤爪。後腳長，適合在沙漠中行走。胸部肌肉發達，可以撕裂東西，挖土的力氣似乎也很強。

生存期間 三疊紀 侏羅紀 白堊紀

臨河爪龍 1m 2011年發表

Linhenykus 臨河（中國地名）的鉤爪

體重和鸚鵡差不多，前腳僅有一根腳趾。會利用鉤爪挖土、啄食土壤中的昆蟲。

生存期間 三疊紀 侏羅紀 白堊紀

單爪龍 1m

Mononykus 一根鉤爪

短小的前腳上擁有一根鉤爪，適合挖土。飲食取向不明，推測前腳可以用來破壞白蟻窩、食用白蟻。

生存期間 三疊紀 侏羅紀 白堊紀

小林博士的 原來如此！小專欄

羽毛恐龍的身體是暖的嗎？

恐龍究竟是體溫會隨著氣溫下降的冷血（外溫性）動物，還是像哺乳類、鳥類等即使寒冷也能維持體溫的恆溫（內溫性）動物呢？目前為止，小型的肉食性恐龍被認為應該是恆溫動物。然而，近年來發現的中華龍鳥等羽毛恐龍，卻成為小型獸腳類是恆溫動物的決定性證據。羽毛有助於防止身體製造的熱能外洩。因為恐龍的成長相當快速，即使在寒冷的氣候下也能生存，所以目前推測即使不是羽毛恐龍，恐怕也都是恆溫動物。再者，也有一說認為不只是恐龍，翼龍等爬蟲類或許也曾是恆溫動物。

鐮刀龍族群①

小林博士的重點整理！

頸部長、腹部結實。演化成草食性的獸腳類恐龍，牠們龐大的肚子內有著可以用來消化植物的消化系統。較長的前腳上有大型鉤爪，可以用來保護自己不受肉食性恐龍攻擊，也可以用來勾取植物。

鑄鐮龍 4m

Falcarius 小小的鐮刀

原始的鐮刀龍族群。具有腰部寬闊、牙齒呈樹葉狀、頸部長等草食性恐龍的特徵，同時也擁有長鉤爪、身上長有羽毛等肉食性恐龍的特徵。

生存期間 三疊紀 侏羅紀 白堊紀

北票龍 1.5m

Beipiaosaurus

北票（中國地名）的蜥蜴

在鐮刀龍族群當中，算是非常遠古時期的恐龍。前腳長有如翅膀般的羽毛，但是不會飛。

生存期間 三疊紀 侏羅紀 白堊紀

建昌龍 2m 2013年發表

Jianchangosaurus 建昌（中國地名）的蜥蜴

屬於亞洲非常古老的鐮刀龍族群。
牙齒及齒顎方面具備近似於鴨嘴龍族群以及三角龍族群的特徵，以植物為食。

生存期間 三疊紀 侏羅紀 白堊紀

懶爪龍 4.5～6m

Nothronychus

懶惰鬼的鉤爪

幾乎已發現完整的骨骼。長形的前腳上有約 **10cm** 的鉤爪，並且長有羽毛。從龐大的身體到尾部，全身都長有羽毛。

生存期間 三疊紀 侏羅紀 白堊紀

推測鐮刀龍族群可以利用其 **1m** 長的鉤爪，像食蟻獸一樣挖土、吞食昆蟲。

鐮刀龍族群②

鐮刀龍 8～11m

Therizinosaurus 大型鐮刀蜥蜴

目前僅發現前腳與肩胛骨等處的化石，是還有很多謎團待解的恐龍。前腳長度為 **2.5m**，大型鉤爪卻將近 **90cm**。無從得知該鉤爪真正的用途。

生存期間 三疊紀 侏羅紀 白堊紀

長長的鉤爪將近 **90cm**。

尺寸 Check

鐮刀龍

圓桶般的大型身體內，隱藏著大型的消化系統。

鐮刀龍類的胚胎（卵中的寶寶）

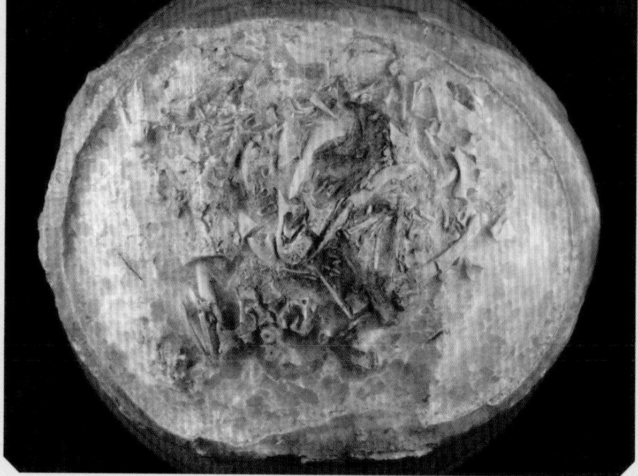

在已發現的恐龍蛋化石當中，有些保存狀態非常良好。可以清楚看見幼龍的骨骼模樣。幼龍的尺寸約為 **7cm**。

小林博士的 原來如此！小專欄

鐮刀龍類與角龍類

在鐮刀龍類與恐手龍類生存的亞洲地區，曾有偷蛋龍等小型羽毛恐龍，以及鴨嘴龍族群等草食性恐龍存在，但是卻沒有發現三角龍等大型角龍類恐龍的蹤跡。似乎是由鐮刀龍類取代了角龍類，成為活躍於亞洲的大型草食性恐龍。

美國的角龍類恐龍擁有大型犄角，可以用來保護自己、避免暴龍等的攻擊。亞洲的鐮刀龍類族群則具備強而有力的後腳及長形鉤爪，可與特暴龍等肉食性恐龍決鬥。

從羽毛恐龍到鳥類

自 1996 年發現中華龍鳥後，又發現了很多種羽毛恐龍。也有一些不只是擁有羽毛，還帶有翅膀、能夠滑行的恐龍。推測這些所謂的羽毛恐龍有一部分會演化成鳥類，而鳥類即屬於獸腳類族群之一。

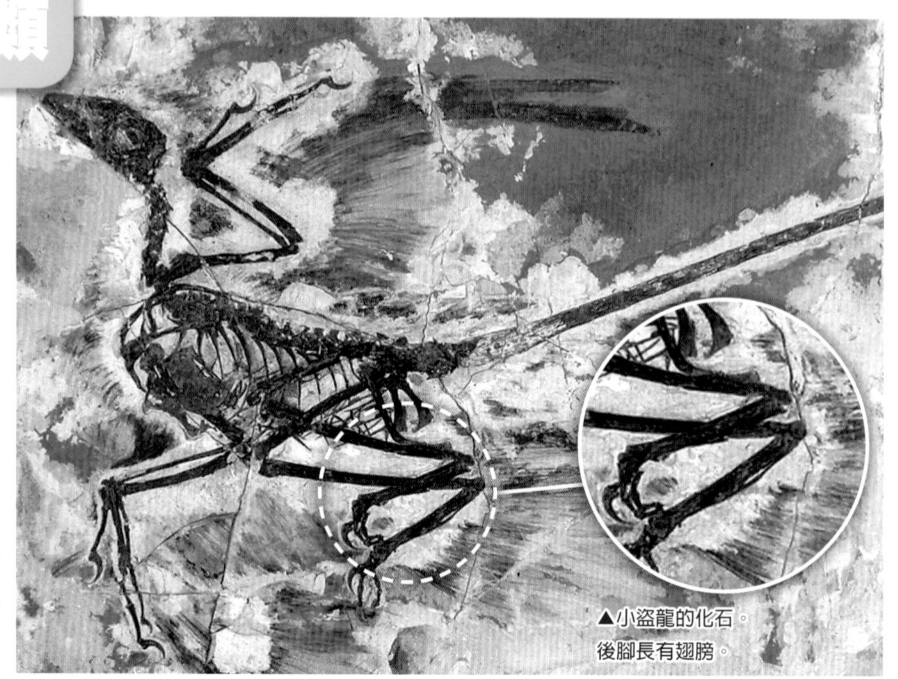

▲小盜龍的化石。後腳長有翅膀。

在空中飛行的恐龍

發現了不僅是前腳，連後腳也帶有翅膀的羽毛恐龍──小盜龍。鳥類僅有兩隻（一雙）翅膀，小盜龍卻擁有四隻翅膀。所有的翅膀都有飛羽，所以推測牠們可以在樹林之間滑行。

羽毛的演化

隨著發現羽毛恐龍，我們也可以了解羽毛的演化。最初是中華龍鳥身上長有絨毛般的物質。是為了避免體溫散失，可以像衣服一樣包裹住身體。後來這些毛開始有分歧，形狀變得相當複雜。慢慢一點一點形成羽毛的樣子，這些羽毛可以用來吸引雌性，或是幫蛋保暖。不斷演化的羽毛，最後成了小盜龍、始祖鳥身上的飛羽，讓牠們變得可以在天空飛翔。移居至天空生活的鳥類，開始繁榮興盛。

羽毛的演化

❶從鱗片發展出來的原始羽毛

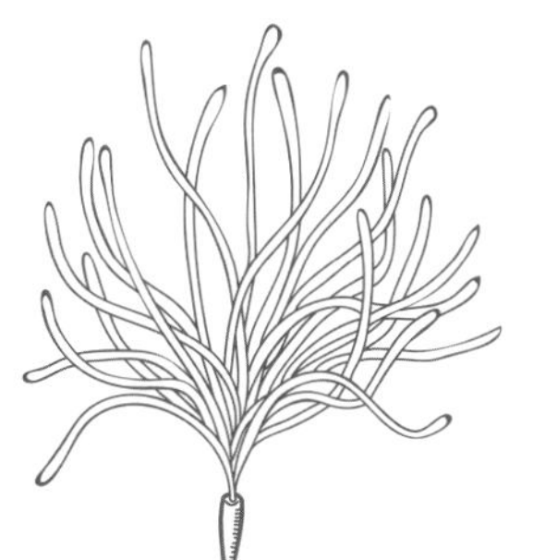

❷分歧的絨狀羽毛

❸幾乎與鳥類相同的羽毛

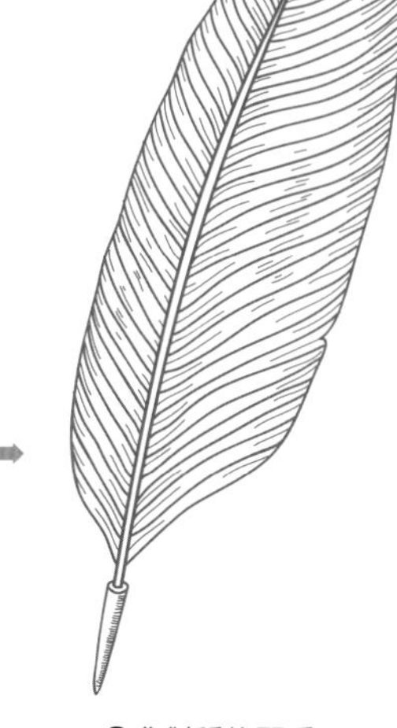

❹非對稱的羽毛
與現在鳥類的羽毛形狀相同

▲中華龍鳥

▲小盜龍

各式各樣的恐龍蛋

我們已知恐龍會在陸地上築巢、產卵。恐龍蛋的殼和鳥蛋一樣脆弱易碎。恐龍蛋表面不平滑，有很多皺褶，並且會因恐龍的種類而有不同的樣貌。和恐龍的體型尺寸比較起來，恐龍蛋的比例通常會小很多。數十尺的大型恐龍，蛋卻只有壘球或是足球般的大小。

這是一個存放著十顆圓形恐龍蛋的巢。球形的恐龍蛋化石，可能是鴨嘴龍類、蜥腳類、鐮刀龍類等的蛋，因為沒有胚胎（恐龍蛋中的幼龍）化石等證據，無法明確得知究竟是哪一種恐龍的蛋。

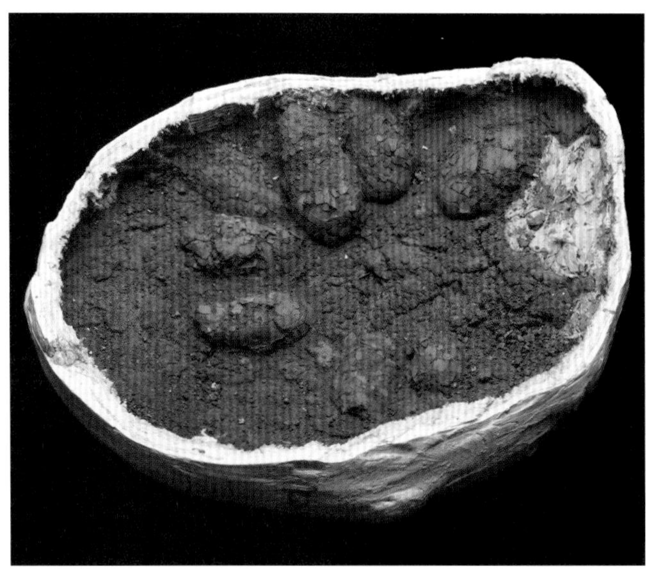

推測可能是小型的獸腳類恐龍巢穴。
和現代的鳥蛋一樣，單側尖且呈細長狀。

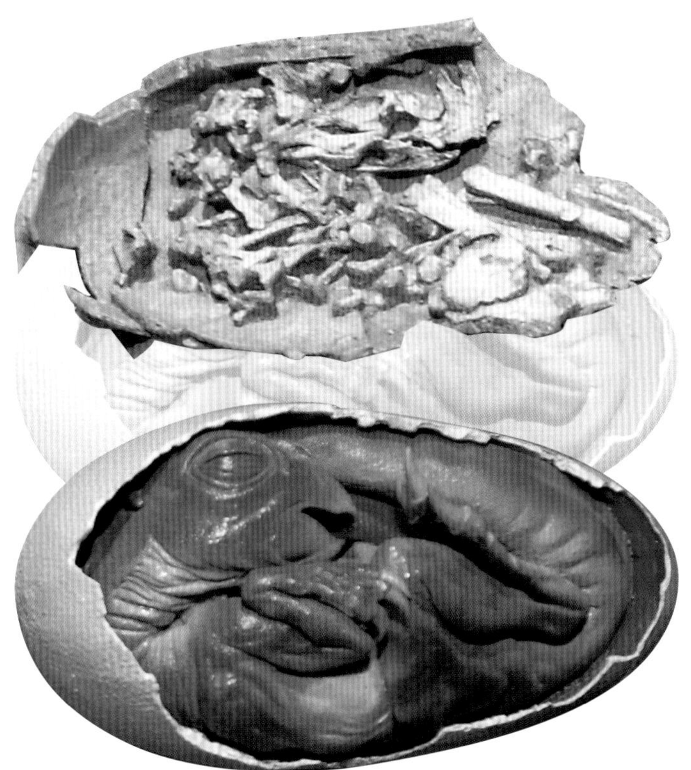

恐龍蛋內側留有幼龍的化石。剛發現時曾誤認為是角龍類——原角龍的蛋，後來發現其幼龍化石後，才確認是偷蛋龍的蛋。

龍角龍類——泰坦巨龍族群的蛋與雞蛋的比較照片。恐龍蛋的尺寸差不多和足球一樣大。

偷蛋龍族群①

小林博士的重點整理！

許多興盛於白堊紀的獸腳類族群，都是草食性恐龍！尺寸方面僅有公雞到鴕鳥的大小，推測全身都長有羽毛。骨骼也和鳥類類似喔！

小林博士的 原來如此！小專欄

偷蛋龍～會幫蛋保暖的恐龍～

1990 年代，戈壁沙漠發現了會用身體包覆住盛有恐龍蛋巢穴的恐龍化石。經由偷蛋龍族群的化石推測，牠們會像鳥類一樣抱著蛋、給予蛋溫暖。然而，調查其骨骼內的鈣質含量，推測抱著蛋的應該是雄性偷蛋龍。這是經常可在鳥類身上發現的習性，偷蛋龍族群等部分恐龍或許會像現代鳥類一樣，用父母親的體溫幫蛋保暖、保護孵化的幼兒不受敵人攻擊。被命名為「偷蛋龍」的恐龍，其實是只在幫蛋保暖。

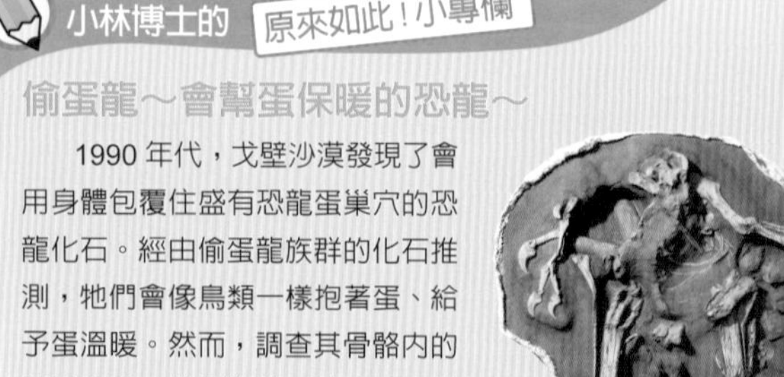

▲偷蛋龍族群——葬火龍的化石。

尾羽龍 1m

Caudipteryx 尾部有羽毛

尾部末端有像扇子一般的羽毛。推測應該是雄性用來吸引雌性的羽毛。前腳翅膀和身體比較起來較小，因此似乎無法飛行。其化石胃部有發現「胃石」。

生存期間 三疊紀 侏羅紀 白堊紀

偷蛋龍 2m

Oviraptor 蛋的強盜

頭上有個大型頭冠。上顎有一對牙齒，可以利用喙部及牙齒啄食樹果等食物。曾經被誤認為是要盜取原角龍的蛋，不過現在已經證實牠們只是抱著自己的蛋。

生存期間 三疊紀 侏羅紀 白堊紀

葬火龍 2.1m

Citipati 火葬柴堆的主人

在戈壁沙漠發現的化石，呈現出窩在巢穴內、懷抱著蛋的姿勢。體型較大的雄性葬火龍可能是為了讓蛋溫暖，藉此得知當時恐龍似乎已經會像鳥類一般雄雌分工。

生存期間 三疊紀 侏羅紀 白堊紀

原始祖鳥 2m

Protarchaeopteryx

始祖鳥（*archaeopteryx*）之前的生物

雖然其化石是在比始祖鳥更晚期的地層中發現，但是卻擁有比始祖鳥更原始的特徵。尾部末端以及前腳都有翅膀。

生存期間 三疊紀 侏羅紀 白堊紀

  草食性 肉食性

巨盜龍 8m　2007年發表

Gigantoraptor　巨大的強盜

是在較多小型恐龍的偷蛋龍族群中，最大型的恐龍。擁有無齒的堅硬喙部，以及大型鉤爪。推測身上長有羽毛。身高 **5m**，在體型上並不輸暴龍。

生存期間　三疊紀　侏羅紀　白堊紀

巨盜龍的化石發現時還未完全長大，推測應該會長得比 **8m** 更高大。

偷蛋龍族群②

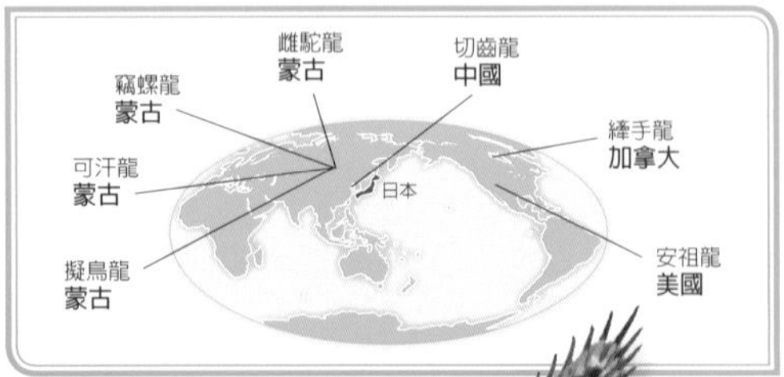

蹠駝龍 蒙古
切齒龍 中國
竊螺龍 蒙古
可汗龍 蒙古
日本
縴手龍 加拿大
擬鳥龍 蒙古
安祖龍 美國

雌駝龍 1.6m

Ajancingenia *Ingen*（蒙古地名）的旅人

在偷蛋龍族群中，頭冠較不明顯。上顎、下顎都擁有不是牙齒的突起物。推測應該也可以食用堅硬的樹果。

生存期間 三疊紀 侏羅紀 白堊紀

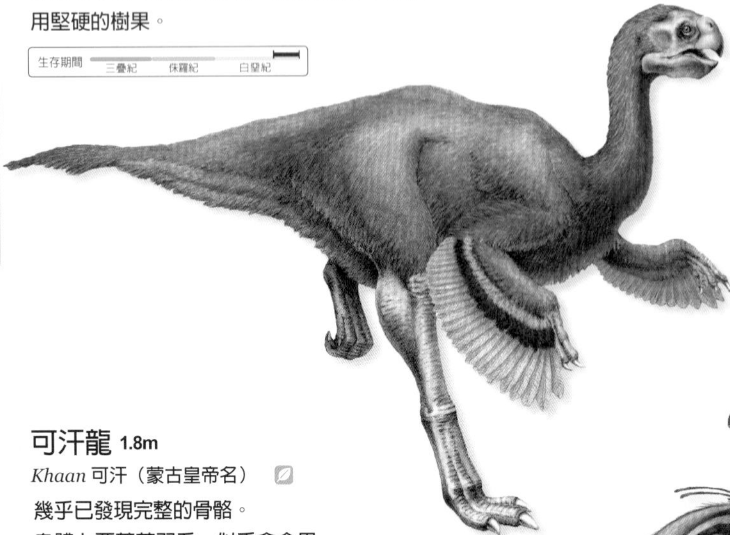

縴手龍 1.7～2m

Chirostenotes

纖細的手

頭部特徵是有個非常類似南方鶴鴕頭冠的突起物。下顎沒有牙齒，形狀像一把鏟子。

生存期間 三疊紀 侏羅紀 白堊紀

可汗龍 1.8m

Khaan 可汗（蒙古皇帝名）

幾乎已發現完整的骨骼。
身體上覆蓋著羽毛，似乎會食用植物。

生存期間 三疊紀 侏羅紀 白堊紀

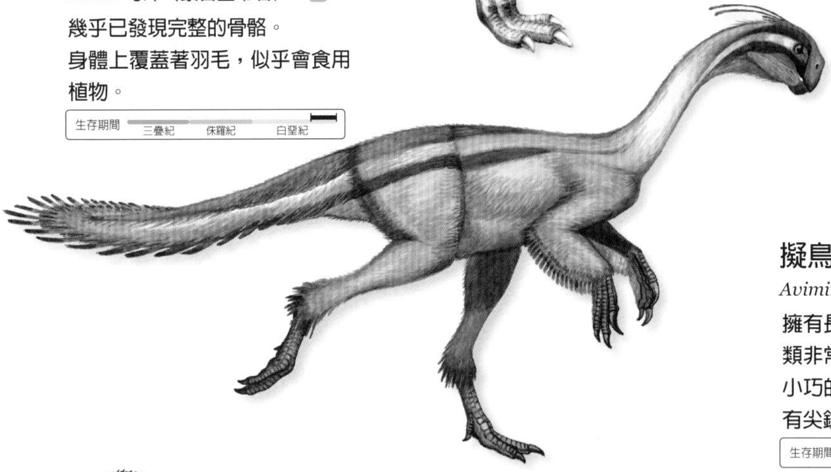

擬鳥龍 1.5m

Avimimus 貌似鳥

擁有長形的頸部以及後腳，是和鳥類非常相似的恐龍。圓圓的額頭、小巧的腦袋，還有像鸚鵡一樣堅硬有尖銳的喙部。

生存期間 三疊紀 侏羅紀 白堊紀

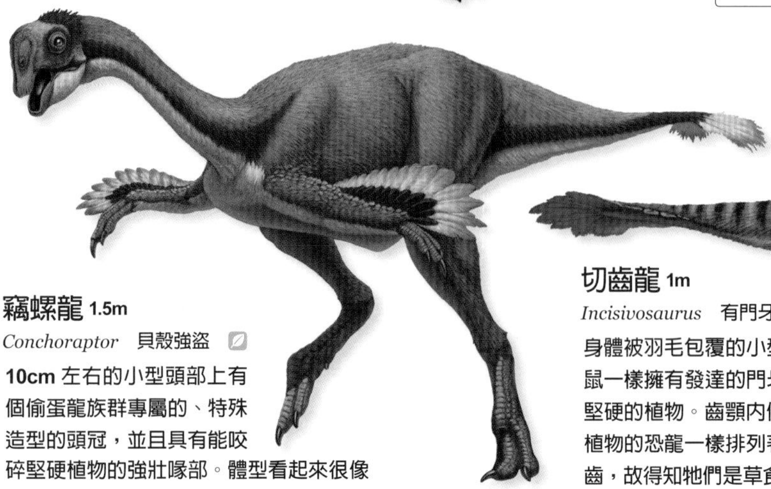

竊螺龍 1.5m

Conchoraptor 貝殼強盜

10cm 左右的小型頭部上有個偷蛋龍族群專屬的、特殊造型的頭冠，並且具有能咬碎堅硬植物的強壯喙部。體型看起來很像是偷蛋龍的幼龍，目前已確認是成年龍。

生存期間 三疊紀 侏羅紀 白堊紀

切齒龍 1m

Incisivosaurus 有門牙的蜥蜴

身體被羽毛包覆的小型恐龍。像老鼠一樣擁有發達的門牙，能夠咬碎堅硬的植物。齒顎內側和其他能吃植物的恐龍一樣排列著樹葉狀的牙齒，故得知牠們是草食性恐龍。

生存期間 三疊紀 侏羅紀 白堊紀

草食性 肉食性

安祖龍 3.5m 2014年發表

Anzu 長著羽毛的惡魔

前腳與後腳都很長，頭上有頭冠。
喙部沒有牙齒，骨骼和鳥類相似。
是北美偷蛋龍族群當中最大的恐龍。

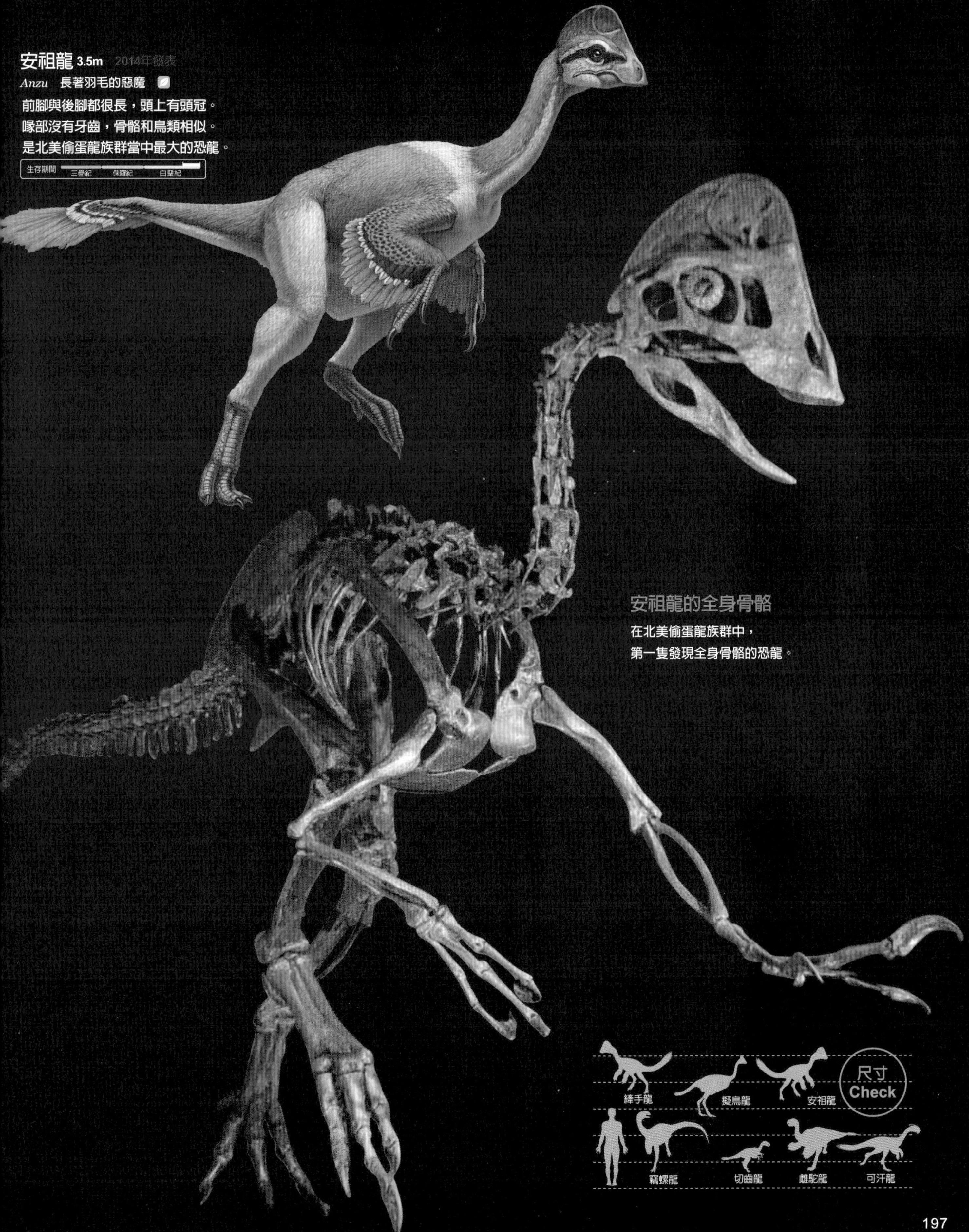

安祖龍的全身骨骼

在北美偷蛋龍族群中，
第一隻發現全身骨骼的恐龍。

擅攀鳥龍族群

小林博士的重點整理！

擅攀鳥龍族群或許具備能夠在樹上生活的特性，會在樹林間滑行。根據 **2015** 年發表的奇翼龍，推測牠們在長指與身體之間具有助於滑行的薄膜。是擁有長指、樣貌有些不太一樣的恐龍。

奇翼龍 0.6m　2015年發表

Yi　奇妙的羽翼

不僅擁有長形的指頭，手腕也連接著長形的骨頭。擁有飛膜，推測可以滑行。全身都有羽毛包覆，是擁有羽毛以及飛膜的珍奇恐龍。

生存期間　三疊紀　侏羅紀　白堊紀

耀龍 0.45m

Epidexipteryx　有裝飾的羽毛

全世界第一隻經確認擁有裝飾用羽毛的化石。只有齒顎前端有牙齒，長形前齒往前突出。骨骼狀態近似於擅攀鳥龍。

生存期間　三疊紀　侏羅紀　白堊紀

擅攀鳥龍 0.16m

Scansoriopteryx　可以攀爬的翅膀

特徵是第三指特別長。腳趾可以牢牢抓住樹枝。推測應該是在樹上生活。被認為和耀龍是同一種生物。

生存期間　三疊紀　侏羅紀　白堊紀

傷齒龍族群①

小林博士的重點整理！

擁有很長的後腳與不太長的前腳，是體型纖細的小型獸腳類。許多傷齒龍族群並沒有鋸齒狀的牙齒，所以與其說牠們是肉食性恐龍，或許牠們比較可能會食用植物或是昆蟲等小動物。目前已知和體型相比，腦部的比例大很多喔！

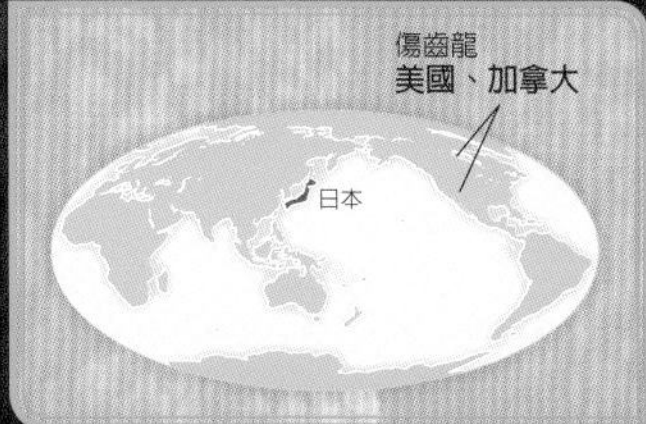

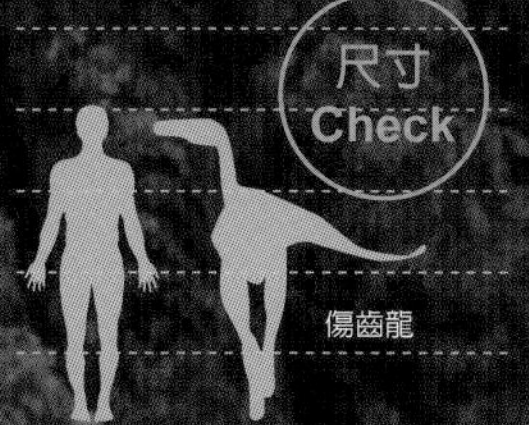

傷齒龍 2m

Troodon 受傷的牙齒

相對於體型，腦部的比例較大，推測應該是聰明的恐龍。巨大的雙眼同時朝向前方，可以看得到立體畫面、正確測量獵物的距離。

生存期間 三疊紀 侏羅紀 白堊紀

Q. 恐龍與鳥類的羽毛一樣嗎？

A. 恐龍羽毛不斷進行複雜的演化。有些恐龍或許擁有幾乎和鳥類一樣的羽毛。

傷齒龍族群②

小林博士的 原來如此！小專欄

發現寐龍～在沉睡中變成化石的恐龍～

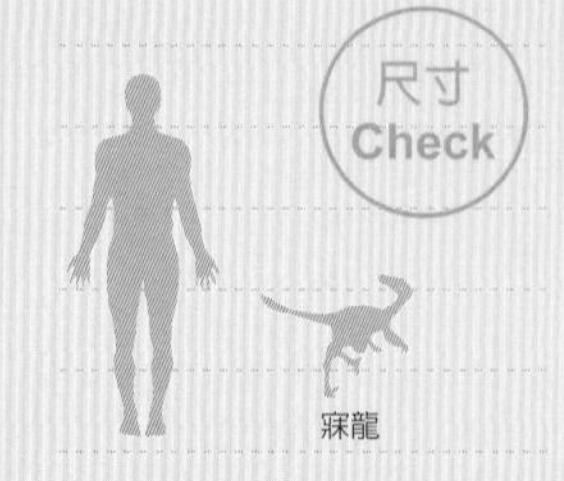

寐龍 0.5m

Mei long　沉睡

大約只有鴨子大小，屬於傷齒龍族群。該化石的發現，對於研究恐龍與鳥類的關係方面相當重要。

生存期間　三疊紀　侏羅紀　白堊紀

中國遼寧省發現了一塊不同以往的小型獸腳類化石。是在前後腳彎折、頸部彎曲、頭部放在前腳內側、全身縮成一團的狀態下成為化石。近似於現今鳥類休息時所採取的姿勢，推測是為了縮小身體表面積、預防體溫散失，具有維持體溫的效果。發現這隻以沉睡姿勢成為化石的恐龍——寐龍，表示傷齒龍族群以及馳龍族群可能都是身體溫暖的恐龍。此外，似乎也成為鳥類就是恐龍的佐證之一。

金鳳鳥 0.55m

Jinfengopteryx　金色的不死鳥

擁有小型翅膀的恐龍，根據發現的化石，得知身上大部分都覆有羽毛。化石內有小型的圓形種子，推測應該是死前才剛進食。

生存期間　三疊紀　侏羅紀　白堊紀

中國獵龍 1m

Sinovenator　中國的獵人

後腳長且腳踝上有鉤爪，前腳短且有翅膀，但是無法飛行。和傷齒龍比較起來，牙齒較小，推測會食用昆蟲或是小動物。

生存期間　三疊紀　侏羅紀　白堊紀

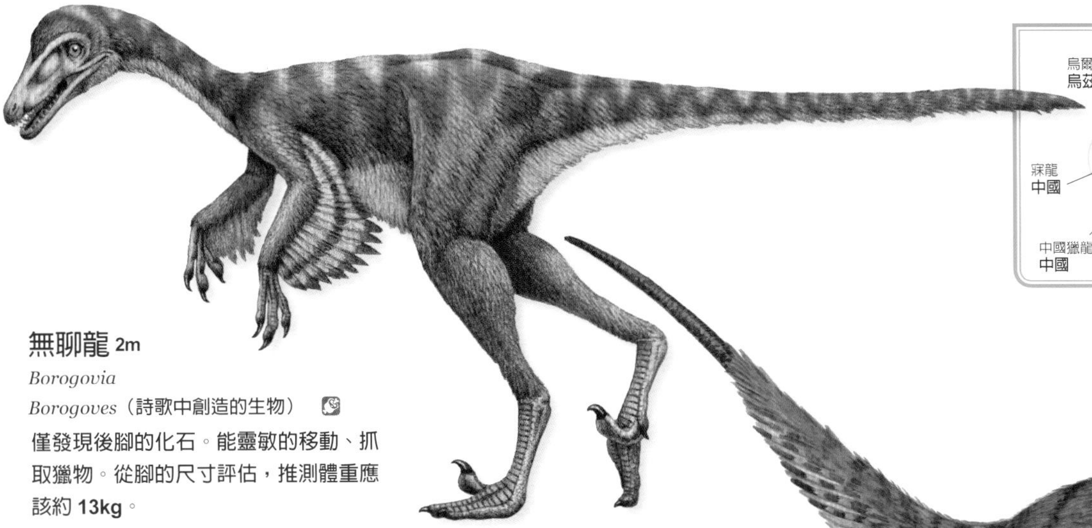

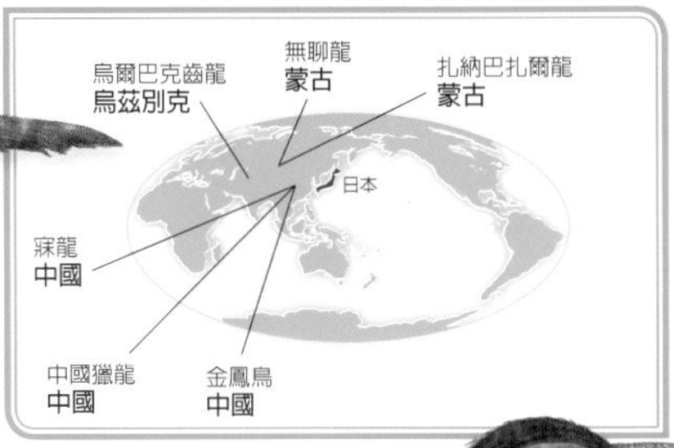

烏爾巴克齒龍
烏茲別克
無聊龍
蒙古
扎納巴扎爾龍
蒙古
日本
寐龍
中國
中國獵龍
中國
金鳳鳥
中國

無聊龍 2m

Borogovia

Borogoves（詩歌中創造的生物）

僅發現後腳的化石。能靈敏的移動、抓取獵物。從腳的尺寸評估，推測體重應該約 **13kg**。

生存期間 三疊紀 侏羅紀 白堊紀

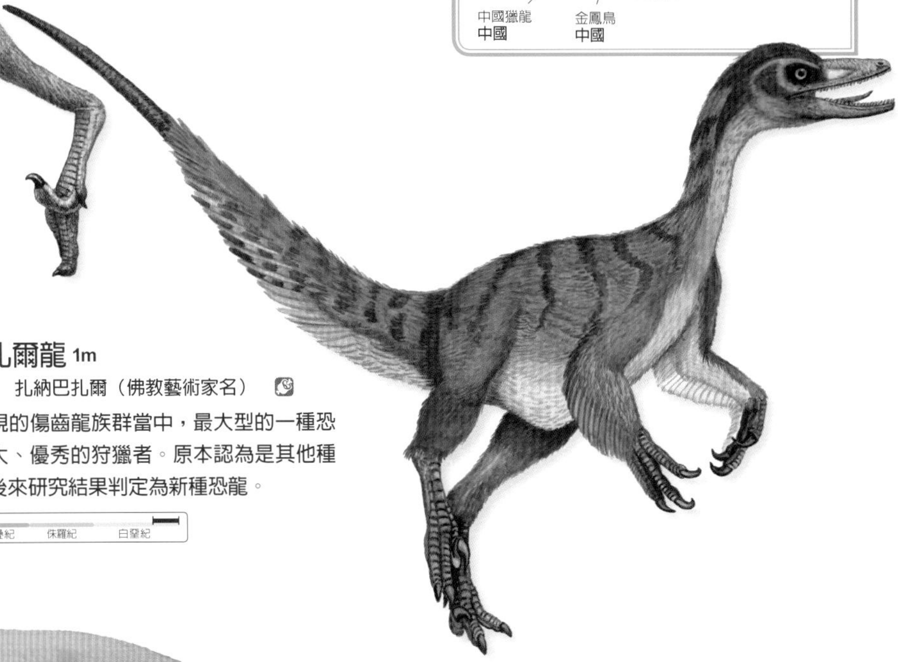

扎納巴扎爾龍 1m

Zanabazar　扎納巴扎爾（佛教藝術家名）

在亞洲發現的傷齒龍族群當中，最大型的一種恐龍。是頭大、優秀的狩獵者。原本認為是其他種的恐龍，後來研究結果判定為新種恐龍。

生存期間 三疊紀 侏羅紀 白堊紀

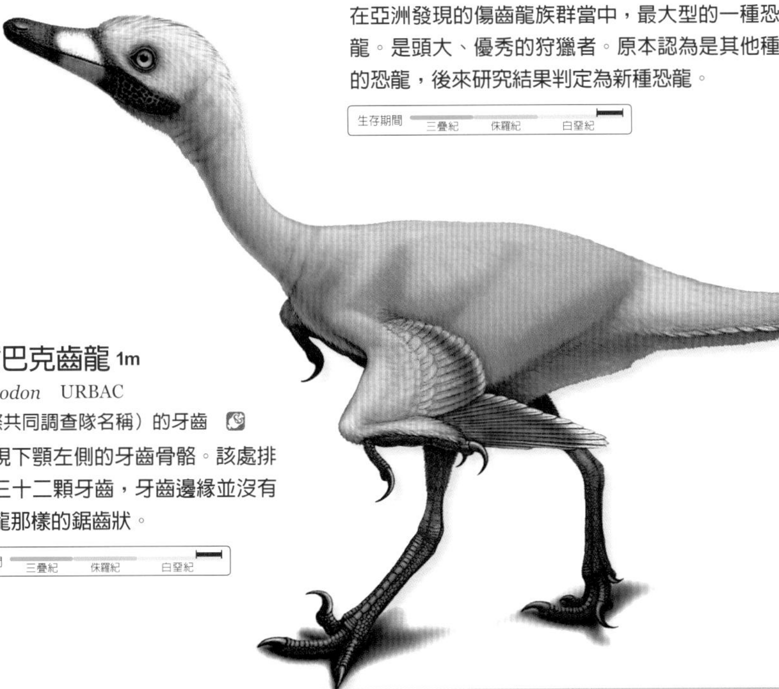

烏爾巴克齒龍 1m

Urbacodon　URBAC（國際共同調查隊名稱）的牙齒

僅發現下顎左側的牙齒骨骼。該處排列著三十二顆牙齒，牙齒邊緣並沒有傷齒龍那樣的鋸齒狀。

生存期間 三疊紀 侏羅紀 白堊紀

尺寸
Check
中國獵龍
烏爾巴克齒龍
無聊龍
金鳳鳥
扎納巴扎爾龍

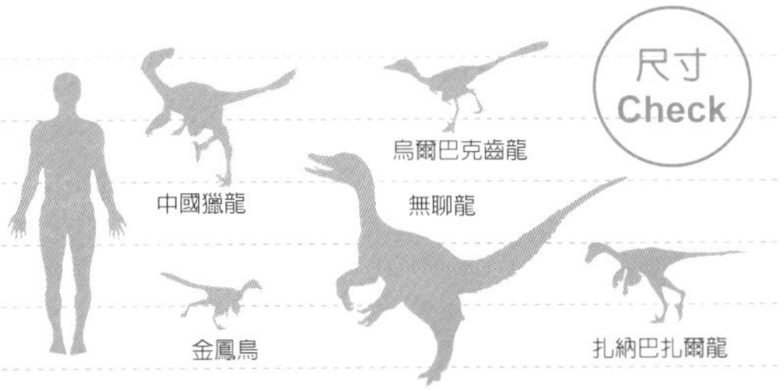

ZOOM UP! 恐龍的腦袋大小

傷齒龍族群比其他恐龍的腦袋都來得大，故被認為是「聰明」的恐龍而聞名。雖然無法進行智力測驗，但是可以比較腦部占身體重量比例的數字。並且試著比較爬蟲類中，鱷魚與恐龍的腦部大小（相對於體重的比例）。假設鱷魚腦部大小為 1，傷齒龍族群則約為六倍。有學者認為傷齒龍的腦部比例近似於鳥類，所以傷齒龍族群應該會比其他恐龍們來得「聰明」，或許能夠進行比爬蟲類更高階、如鳥類般複雜的生活行為。曾在美國發現傷齒龍的巢，判定其產卵方式、恐龍蛋尺寸等特徵介於鱷魚與鳥類之間。

劍龍
三角龍
鱷魚
暴龍
傷齒龍
0
0.5
1.0
1.5
2.0
5.8

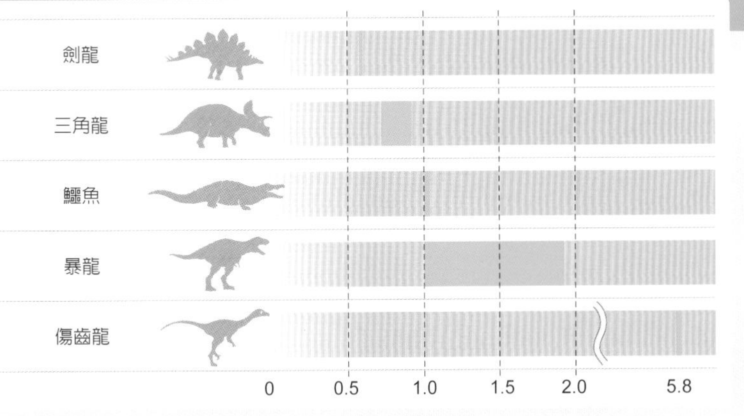

馳龍族群①

小林博士的重點整理！

馳龍族群擁有可以確實抓住獵物的前腳，以及恐怖如鐮刀般的鉤爪。智慧程度較高，或許會採取集體狩獵。在小型恐龍族群中，擁有如小盜龍般的翅膀，能在樹林間滑行。

南方盜龍 5m

Austroraptor 南方強盜

在南半球發現，最大型的馳龍族群。頭部扁平且長，嘴部內側有很多小巧、圓錐狀的牙齒。前腳特別短。

生存期間 三疊紀 侏羅紀 白堊紀

馳龍 1.8m

Dromaeosaurus 奔跑的蜥蜴

體型健壯、腦部比例大，視覺與嗅覺能力都很優異。能夠藉由後腳的鉤爪、厚實的牙齒咬住、扳倒獵物。

生存期間 三疊紀 侏羅紀 白堊紀

恐爪龍 3.4m

Deinonychus 恐怖的爪子

眼睛很大，身上應該覆蓋著羽毛。後腳鉤爪有 13cm，能夠刺殺、翻倒獵物後食用其肉體。尾部僵硬、維持筆直狀，具有維持身體平衡的作用。

生存期間 三疊紀 侏羅紀 白堊紀

臨河盜龍 1.8m

Linheraptor 臨河（中國地名）的強盜

和鳥類非常相似的恐龍，幾乎已發現完整的骨骼。有著像迅猛龍般大型且尖銳的鉤爪。長形的尾部有助於維持身體平衡，會搖動輕盈的身體，威嚇並且吞食其他恐龍。

生存期間 三疊紀 侏羅紀 白堊紀

阿基里斯龍 6m

Achillobator 阿基里斯（希臘神話中登場的人物名）的英雄

體型龐大，全身覆蓋著短短的羽毛，後腳有大型、鐮刀般的鉤爪。推測為了能妥善使用鉤爪，阿基里斯腱相當發達，故以此命名。

白魔龍 1.2m

Tsaagan 白色怪物

近似於迅猛龍的恐龍。身體上覆蓋著短短的羽毛，但是頭部到頸部則幾乎沒有羽毛。

蜥鳥盜龍 1.6m

Saurornitholestes

蜥蜴鳥類盜賊

近似於迅猛龍的小型肉食性恐龍。嘴部內側排列著小巧的牙齒，長形的後腳上有著尖銳的鉤爪。

猶他盜龍 7m

Utahraptor

猶他（美國地名）的強盜

近似於恐爪龍，但是體型更大，後腳的鉤爪有 **25cm** 左右。前腳也有刀狀的鉤爪，可以嚇阻比自己更大型的獵物。

半鳥 2.4m

Unenlagia 一半的鳥

骨盆構造近似於始祖鳥。肩膀關節看起來可以展翅，快速奔跑時，會張開翅膀。

Q&A **Q.** 最小的肉食性恐龍是？ **A.** 羽毛恐龍──近鳥龍。身長約 **30 ～ 40cm**。

馳龍族群②

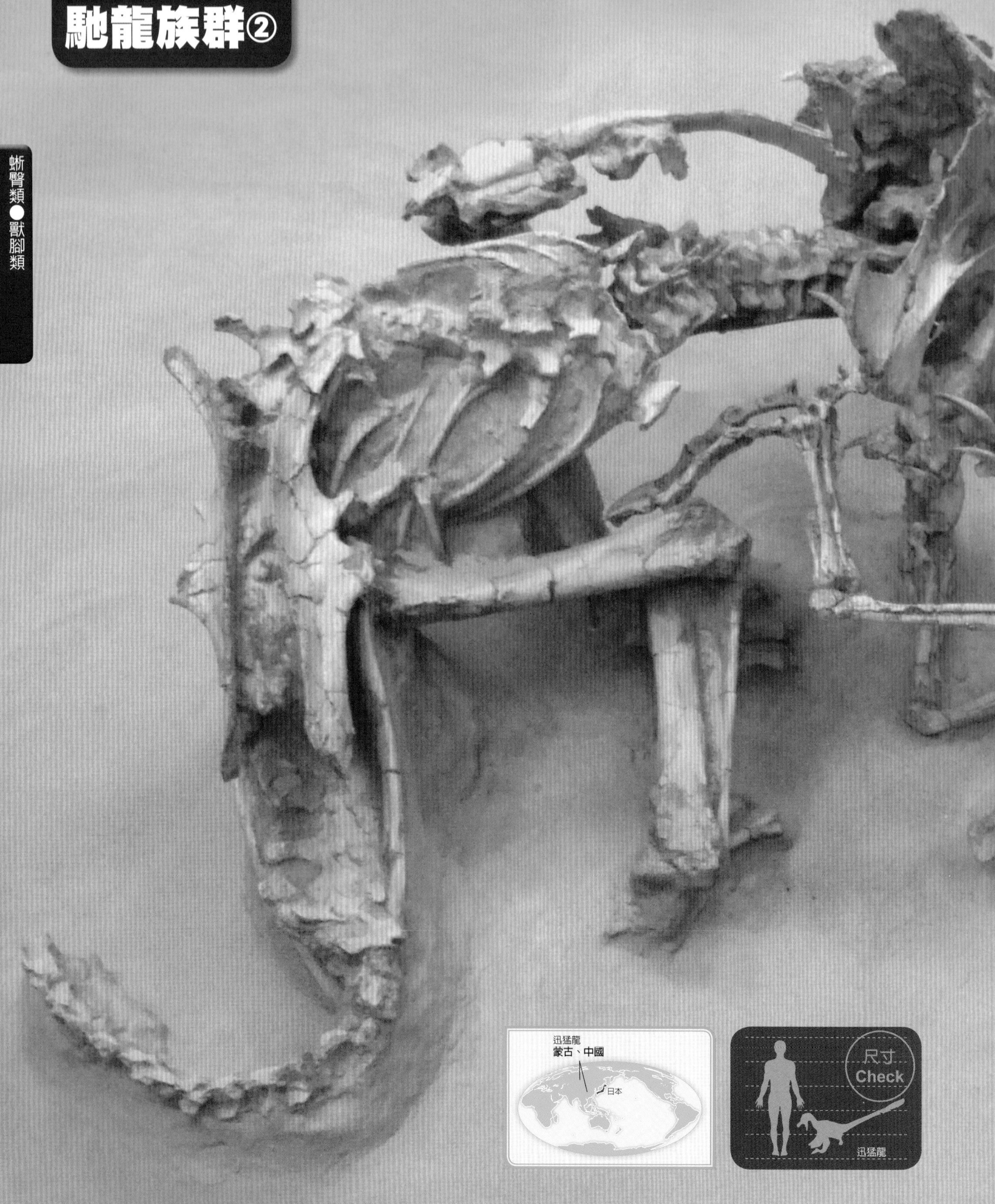

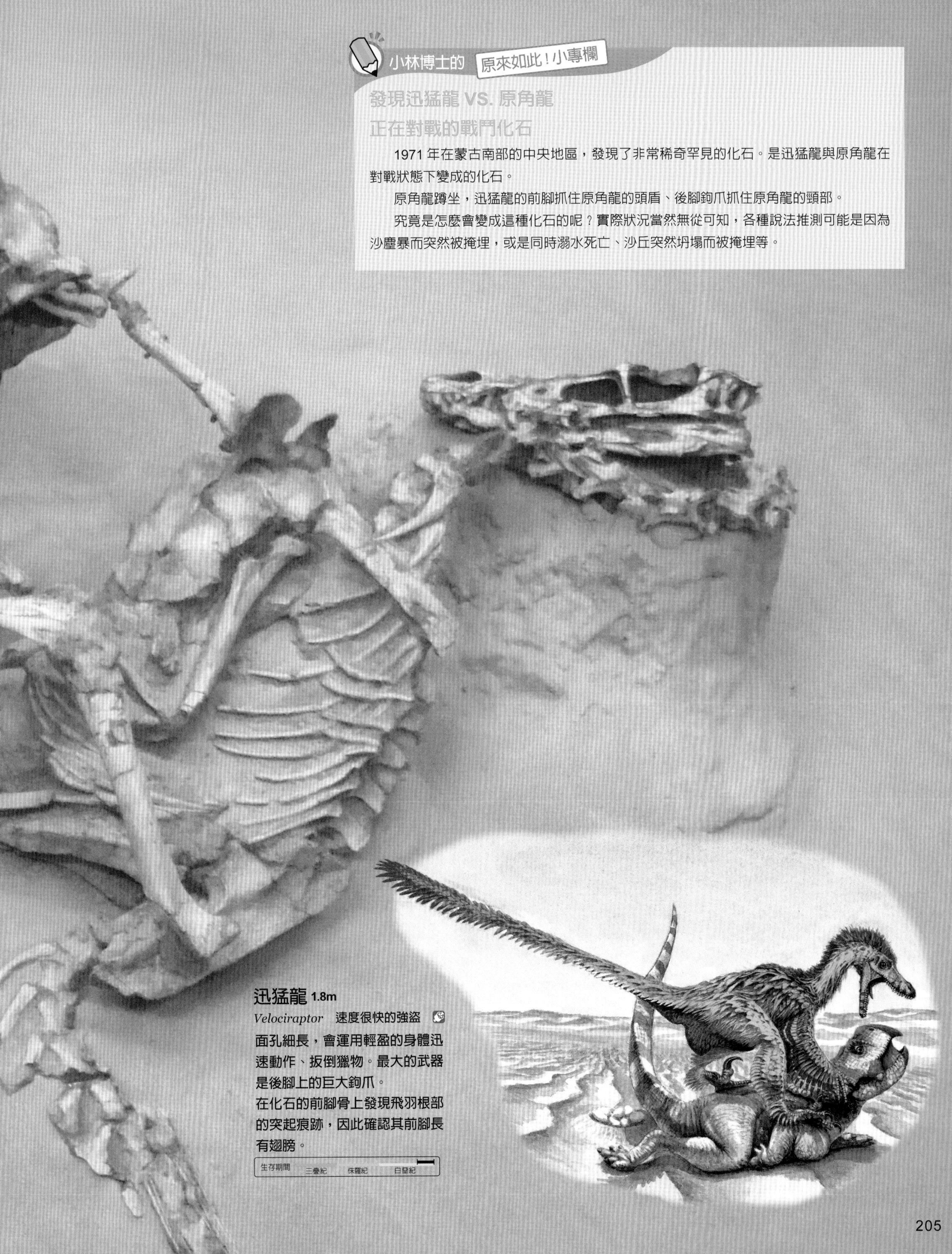

小林博士的 原來如此！小專欄

發現迅猛龍 VS. 原角龍 正在對戰的戰鬥化石

1971 年在蒙古南部的中央地區，發現了非常稀奇罕見的化石。是迅猛龍與原角龍在對戰狀態下變成的化石。

原角龍蹲坐，迅猛龍的前腳抓住原角龍的頭盾、後腳鉤爪抓住原角龍的頸部。

究竟是怎麼會變成這種化石的呢？實際狀況當然無從可知，各種說法推測可能是因為沙塵暴而突然被掩埋，或是同時溺水死亡、沙丘突然坍塌而被掩埋等。

迅猛龍 1.8m

Velociraptor 速度很快的強盜

面孔細長，會運用輕盈的身體迅速動作、扳倒獵物。最大的武器是後腳上的巨大鉤爪。

在化石的前腳骨上發現飛羽根部的突起痕跡，因此確認其前腳長有翅膀。

生存期間 三疊紀 侏羅紀 白堊紀

馳龍族群③

大黑天神龍 0.7m

Mahakala

大黑天神（藏區佛教守護神名）

和其他的馳龍族群比較起來，前腳較短，是較原始的恐龍。前腳長有很像鳥類的翅膀，但是不會飛。根據發現的化石，確認體型變小，但是與恐龍演化成鳥類這件事情並無關聯。

生存期間 三疊紀 侏羅紀 白堊紀

西爪龍 1m

Hesperonychus 西方的鉤爪

在北美洲大陸發現的小型肉食性恐龍。嘴內有細小、刀狀的牙齒。會用兩隻腳在地上行走，並且利用後腳的尖銳鉤爪作為武器，捕捉昆蟲或是小動物。

生存期間 三疊紀 侏羅紀 白堊紀

巴拉烏爾龍 2m 2010年發表

balaur 羅馬尼亞民間故事中的龍

和其他的馳龍族群比較起來，退化的後腳拇指上有巨大的鉤爪。拇指與食趾上各有兩根鉤爪，可以自由上下移動、威嚇獵物。

生存期間 三疊紀 侏羅紀 白堊紀

小盜龍 0.8m

Microraptor 小小的強盜

四隻腳上長有適合飛行的飛羽，但是因為無法上下拍動翅膀，僅能像滑翔翼般在空中滑行。

生存期間 三疊紀 侏羅紀 白堊紀

竟然連顏色都知道了！？

已發現超過三百具的小盜龍化石。根據分析結果，小盜龍的羽毛應該是黑色，在光線折射下會閃耀出虹彩。

斑比盜龍 1m

Bambiraptor 長得像鹿的強盜

和現在的鳥類一樣，擁有叉骨，帶有翅膀的前腳能夠折疊，是位於恐龍演化成鳥類過程中的族群。腦袋大，能快速移動、捕捉小型動物。

生存期間 三疊紀 侏羅紀 白堊紀

脅空鳥龍 0.4m

Rahonavis 雲上的鳥

前腳似乎有雙很大的翅膀，推測應該可以飛翔。化石最初被誤認為是始祖鳥，後來發現牠們擁有巨大的鉤爪，所以歸類在馳龍族群。

生存期間 三疊紀 侏羅紀 白堊紀

中國鳥龍 1.2m

Sinornithosaurus 中國的鳥蜥蜴

身體覆蓋著像棉花般的羽毛，前腳上具有原始的飛羽，也有像鳥類一般能夠張開翅膀的關節，但是推測應該無法飛行。

生存期間 三疊紀 侏羅紀 白堊紀

天宇盜龍

0.9m 2010年發表

Tianyuraptor

天宇（中國博物館名稱）的強盜

和其他的馳龍族群相比，天宇盜龍擁有長形的尾部與後腳。在北半球的中國發現，但是卻具有南半球馳龍族群的特徵。

生存期間 三疊紀 侏羅紀 白堊紀

小林博士的 原來如此！小專欄

始祖鳥是鳥嗎？

1861 年在德國發現了能把恐龍與鳥類牽連在一起、頗具象徵意義的化石。骨骼看起來和小型獸腳類非常相似，擁有翅膀、嘴部長有牙齒。從特徵看來簡直就是介於恐龍與鳥類的中間。

後來又發現了比始祖鳥更原始的鳥類，但是另一方面也可以確認現在的鳥類並不是始祖鳥的直屬子孫。今後或許還會再發現比始祖鳥更原始的鳥類化石。

1861 年從羽毛化石上，發現細胞器官內含有「麥拉寧色素」的黑色素體痕跡。判定羽毛是黑色的可能性相當高。

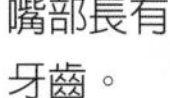

嘴部長有牙齒。

尾部有骨頭。

根據最近的研究，得知始祖鳥的後腳有翅膀。推測後腳的翅膀占了整體翅膀的 12%。

始祖鳥（archaeopteryx）0.5m

Archaeopteryx

最早的化石是在 1861 年，於德國的索爾恩霍芬發現。之後又挖出了十具化石。尾部長，全長約 50cm。得知始祖鳥的翅膀至少有一部分是黑色的。

知道恐龍的顏色了！

2010 年，進行了一項針對保存狀態良好、幾乎完整的近鳥龍化石身上包含麥拉寧色素的細胞器官「黑色素體」分布狀況研究。結果幾乎找出了近鳥龍身上的所有顏色。以往也曾有學者研究過中華龍鳥的尾部顏色，但是近鳥龍是第一隻確認全身顏色的恐龍。

頭冠主要是紅褐色。

身體呈暗灰色。

翅膀主要是白色，並且帶有暗灰色或是黑色的條紋。

近鳥龍 0.34m

Anchiornis 幾乎就是鳥

比始祖鳥在更古老的地層中發現，長有羽毛的小型恐龍。頭部長有羽毛，看起來像一個頭冠。曾被認為是傷齒龍族群，但是也有研究認為應該是近似於始祖鳥的族群。

生存期間 三疊紀 侏羅紀 白堊紀

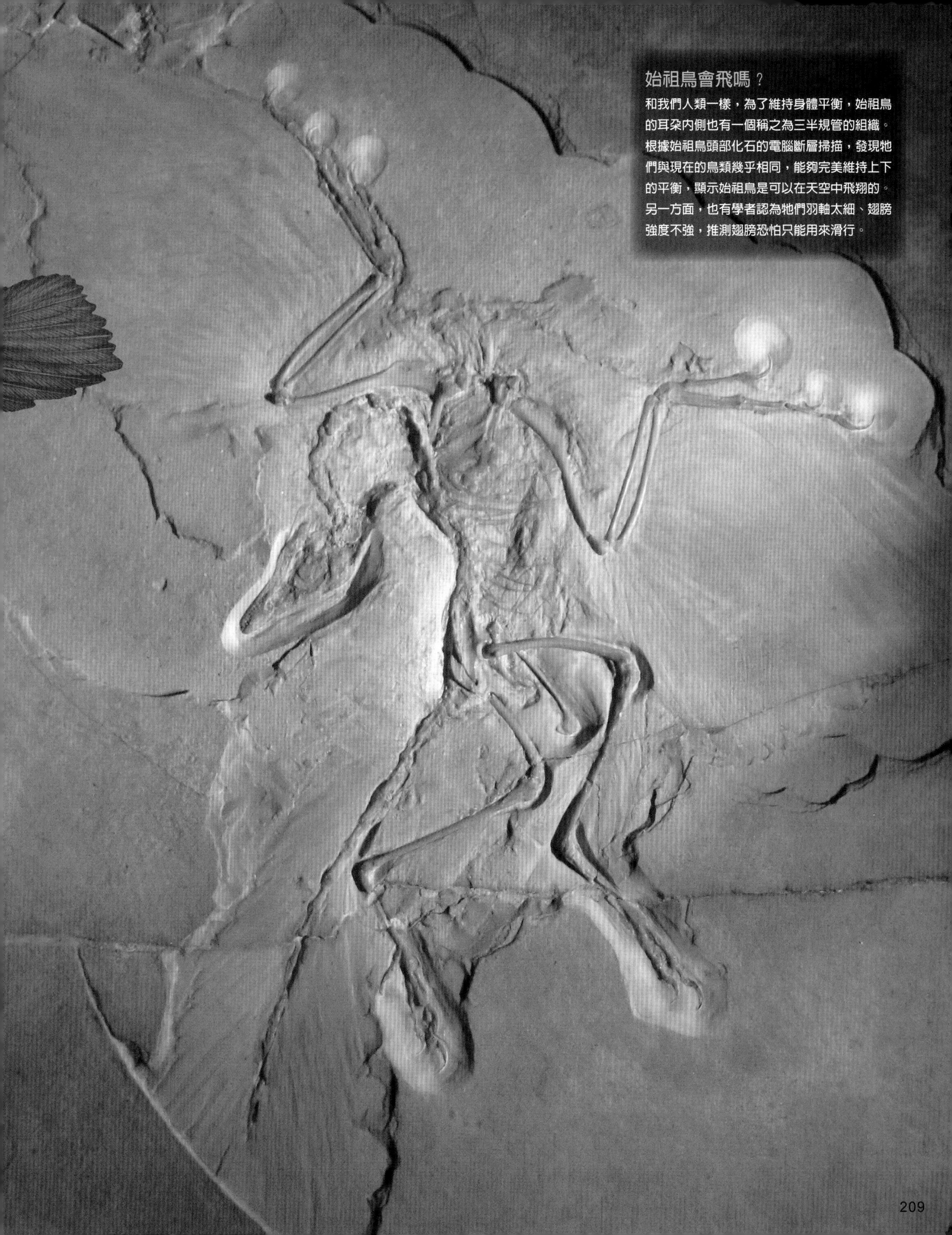

始祖鳥會飛嗎？

和我們人類一樣，為了維持身體平衡，始祖鳥的耳朵內側也有一個稱之為三半規管的組織。根據始祖鳥頭部化石的電腦斷層掃描，發現牠們與現在的鳥類幾乎相同，能夠完美維持上下的平衡，顯示始祖鳥是可以在天空中飛翔的。另一方面，也有學者認為牠們羽軸太細、翅膀強度不強，推測翅膀恐怕只能用來滑行。

鳥類族群

小林博士的重點整理！

鳥類是恐龍也是獸腳類族群之一。骨骼近似於虛骨龍、偷蛋龍族群、傷齒龍族群等小型獸腳類！這些體型輕盈、翅膀發達，能夠進出空中的恐龍就是鳥類喔！

孔子鳥
中國
中國鳥
中國
黃昏鳥
加拿大、美國
魚鳥
美國
日本
反鳥
阿根廷
神翼鳥
阿根廷

反鳥 1.0m

Enantiornis 相反的鳥

喙部內有牙齒，或許是肉食性。推測飛行能力相當優異。全世界都有發現反鳥族群的蹤跡。

生存期間 三疊紀 侏羅紀 白堊紀

神翼鳥 0.6m

Patagopteryx 巴塔哥尼亞的翅膀

神翼鳥的翅膀小到無法飛行。但是，推測牠們的祖先應該可以飛行，是在演化過程中失去飛行能力的。

生存期間 三疊紀 侏羅紀 白堊紀

黃昏鳥 1.8m

Hesperornis 西方的鳥

翅膀小、無法飛行。
推測會運用長形的後腳，在海洋中游泳。
喙部有牙齒，適合用來捕魚。

生存期間 三疊紀 侏羅紀 白堊紀

草食性 肉食性

魚鳥 24cm
Ichthyornis 吃魚的鳥
喙部仍留有牙齒，翅膀上有鉤爪。
尺寸和鴿子差不多，能夠從空中飛入海中抓魚。
生存期間 三疊紀 侏羅紀 白堊紀
無齒翼龍
（翼龍族群）
中國鳥 13cm
Sinornis 中國的鳥
生存期間 三疊紀 侏羅紀 白堊紀
骨骼比始祖鳥輕盈，能夠用來揮動翅膀的胸部肌肉相當發達。是位於從始祖鳥演化成現代鳥類中間過程的鳥類。
孔子鳥 0.7m
Confuciusornis 孔子鳥
擁有沒有牙齒的喙部，是更古老的鳥類。翅膀上有鉤爪。雄雌的樣貌不同，雄性擁有較長的尾部羽毛。
生存期間 三疊紀 侏羅紀 白堊紀
尺寸 Check
黃昏鳥
孔子鳥
反鳥
魚鳥
神翼鳥
中國鳥
▲孔子鳥的化石

空中的爬蟲類～翼龍～

小林博士的重點整理！

翼龍在三疊紀後期現身。侏羅紀後期也曾出現過尾部短小、進化型的翼龍，支配著恐龍時代的天空。然而，隨著鳥類登場，翼龍的身影也逐漸消失，到了白堊紀的末期，僅剩下無齒翼龍以及風神翼龍等。

雙型齒翼龍 英國
夜翼龍 美國
無齒翼龍 美國
日本
翼手龍 德國、坦尚尼亞
風神翼龍 美國

夜翼龍 2m

Nyctosaurus 夜晚的蜥蜴 食物（魚等）

原本推測應該是沒有頭部裝飾物的翼龍，但是 **2003** 年時卻發現了非常細長的頭部裝飾物。

生存期間 三疊紀 侏羅紀 白堊紀

無齒翼龍 7～9m

Pteranodon 有翅膀沒牙齒者 食物（魚等）

非常有名的一種翼龍。張開翅膀可達 **9m**，但是推測體重僅有 **20kg**。

生存期間 三疊紀 侏羅紀 白堊紀

雙型齒翼龍 1.4m

Dimorphodon

兩種牙齒 食物（魚、 昆蟲等）

有一根棒狀的長尾，是原始的翼龍。特徵是四顆前齒長、內側牙齒短，前後牙齒的形狀不同。

生存期間 三疊紀 侏羅紀 白堊紀

風神翼龍 10m

Quetzalcoatlus 有翅膀的蛇 食物（魚、 小動物等）

擁有相當龐大的翅膀，是在空中最大的飛行動物。擁有和長頸鹿一樣長的頸部。

生存期間 三疊紀 侏羅紀 白堊紀

翼手龍 0.4～2.5m

Pterodactylus

有手指的翅膀

食物（魚、 小動物等）

全世界第一隻被發現的翼龍。頸部長、尾部短的進化型翼龍，但卻是較初期現身的族群。

生存期間 三疊紀 侏羅紀 白堊紀

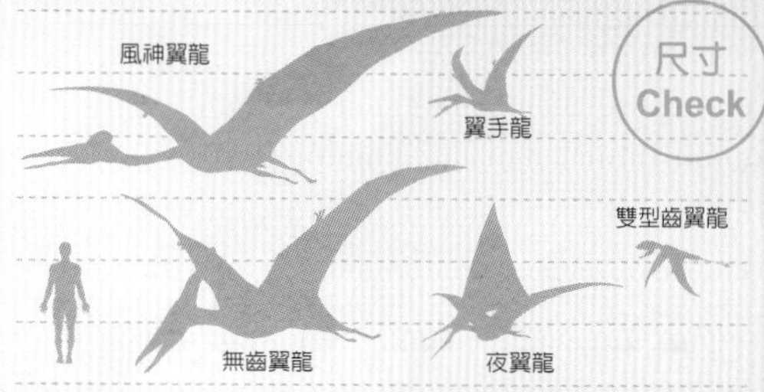

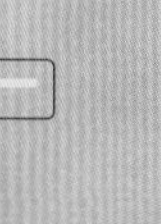

海中的爬蟲類

小林博士的重點整理！

陸地上是恐龍正興盛的時期，海洋中則是爬蟲類的天下。如同侏羅紀時期有蛇頸龍、魚龍活躍於台前，白堊紀時期出現了滄龍等海生蜥蜴族群。當時的海水比現在溫暖，對爬蟲類而言是非常適合居住的地點喔！

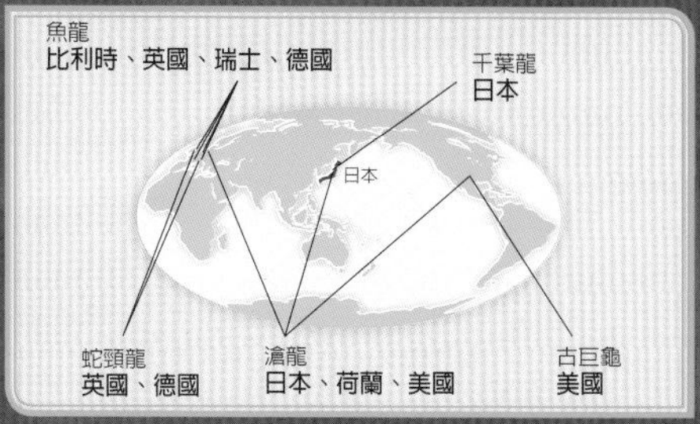

魚龍
比利時、英國、瑞士、德國
千葉龍
日本
日本
蛇頸龍
英國、德國
滄龍
日本、荷蘭、美國
古巨龜
美國

魚龍 2m
Ichthyosaurus
長得像魚的爬行動物　食物（魚、 烏賊等）
擁有尾鰭以及背鰭，姿態和海豚很像。在海中爬蟲類之中，算是相當善泳的族群。

生存期間　三疊紀　侏羅紀　白堊紀

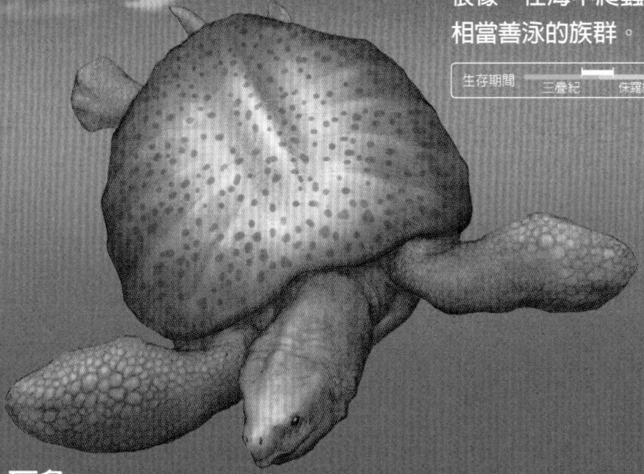

蛇頸龍 5m
Plesiosaurus　貌似蜥蜴　食物（魚、 烏賊等）
蛇頸龍族群雖然並沒有魚龍厲害，但還是非常善泳。長形的頸部有助於捕捉獵物。

生存期間　三疊紀　侏羅紀　白堊紀

古巨龜 4m
Archelon　龜類的支配者　食物（烏賊等）
是目前所發現、最大型的龜群。沒有龜殼，而是將沒有龜裂縫隙的骨骼當作堅硬的皮膚覆蓋在身上。

生存期間　三疊紀　侏羅紀　白堊紀

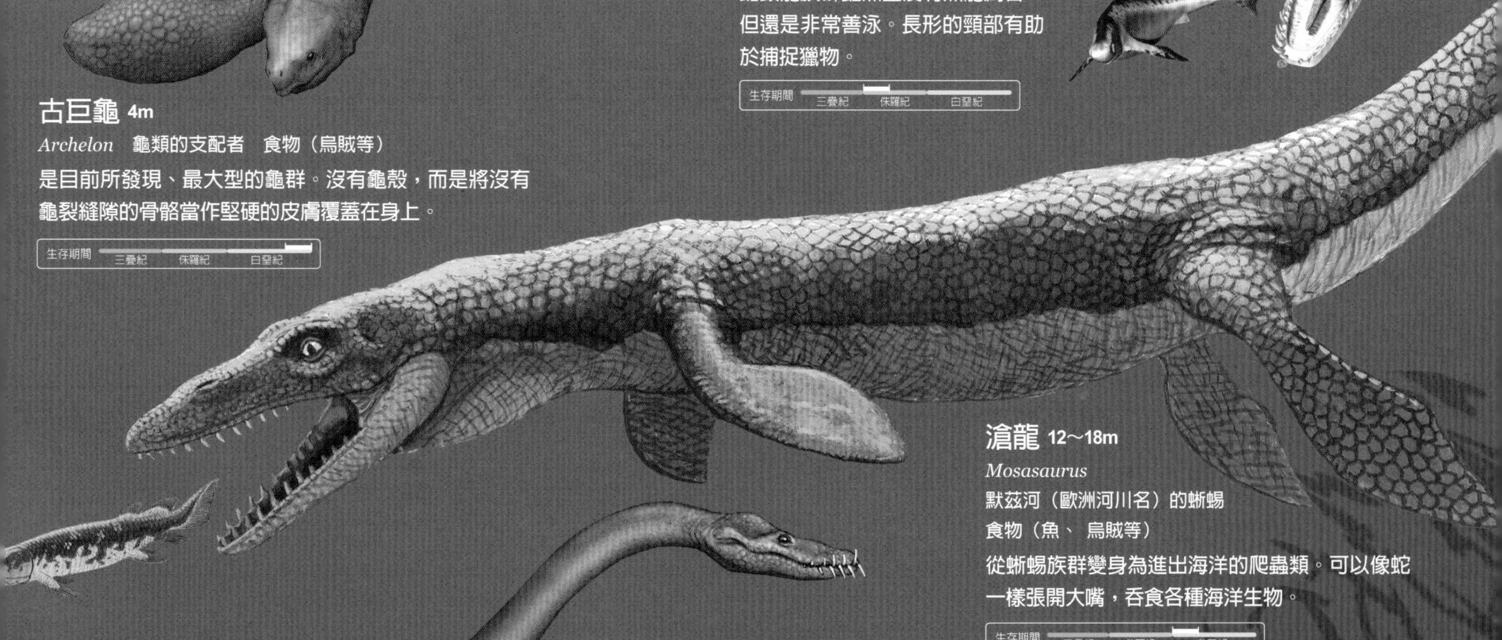

滄龍 12～18m
Mosasaurus
默茲河（歐洲河川名）的蜥蜴
食物（魚、 烏賊等）
從蜥蜴族群變身為進出海洋的爬蟲類。可以像蛇一樣張開大嘴，吞食各種海洋生物。

生存期間　三疊紀　侏羅紀　白堊紀

千葉龍
（雙葉鈴木龍） 7m
Futabasaurus　雙葉（日本福島縣的地層名）的蜥蜴　食物（魚、 烏賊等）
1968 年由日本高中生所發現，屬於長頸龍族群。發現當時，附近也發現大量的鯊魚牙齒。推測可能正受到鯊魚攻擊，或是死亡後正在被鯊魚食用。

生存期間　三疊紀　侏羅紀　白堊紀

尺寸 Check
蛇頸龍
千葉龍（雙葉鈴木龍）
古巨龜
滄龍
魚龍

恐龍滅絕

迄今 6600 萬年前，恐龍們的身影從地球上消失了。除了恐龍以外，也有六成的動物跟著一起滅絕。當時究竟是發生了什麼事情呢？我們也來思考一下吧！

▲ 焚風引發了森林大火。

1970 年代末期，地質學家——沃爾特 · 阿爾瓦雷茨（Walter Alvarez）博士在白堊紀與第三紀的地層交界處發現了不可思議的金屬。這稱之為「銥」的金屬大多存在於地球核心以及地球之外（隕石等），但是幾乎不會存在於地表。

因此，阿爾瓦雷茨博士推測 6600 萬年前、建立這個地層時，可能有富含「銥」的小行星衝撞地球。

1981 年，地球物理學家——格倫 · 彭菲爾德（Glen Penfield）博士在猶加敦半島的希克蘇魯伯附近發現了直徑 180km、碗狀的撞擊坑。調查該撞擊坑後發現，6600 萬年前曾有直徑 10 ～ 15km 的隕石衝撞地球。

該小行星的衝撞曾掀起 300m 的海嘯，焚風也引發了森林大火。該衝撞所掀起的灰塵遮蔽了天空，使得地球急速變冷。

2010 年，全世界十二個國家、四十一位古生物學、地球物理學等專家做出結論，認為恐龍之所以滅絕是因為小行星衝撞地球，導致環境劇烈變化。

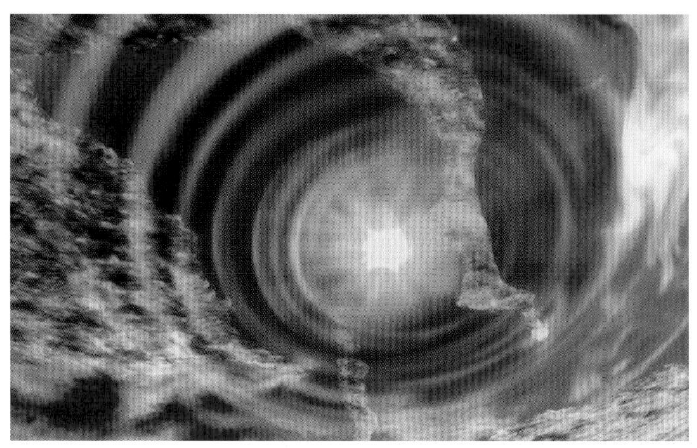

▲推測燃燒得火紅的小行星衝撞力道，可比擬投放在日本廣島原子彈的十億倍。

然而，這還不算是定論。因為恐龍研究者持反對意見，他們認為還有印度的火山活動以及海平面變化等這些隕石衝擊以外的原因。

對於恐龍研究者而言，一直以來的問題都是滅絕與沒有滅絕的分界點究竟在哪裡。

比方說，恐龍與蛇頸龍滅絕了，哺乳類與烏龜、鱷魚等卻沒有滅絕。以往推測是身為變溫動物的恐龍滅絕，恆溫動物的哺乳類及鳥類存活下來。

但是，同樣是變溫動物的鱷魚及烏龜為什麼又可以存活下來呢？還有，一些恐龍明明被推測為恆溫動物。為什麼也沒有像哺乳類以及鳥類能夠存活下來呢？

更有趣的是 **2011** 年，加拿大的阿爾伯塔大學曾發表過一份報告認為在 **6600** 萬年前恐龍滅絕後，生還的恐龍其實多活了 **20** 萬年。恐龍的滅絕似乎還有很多待解的謎團呢！

▲衝撞造成的灰塵遮蔽了太陽光，使得地球急速冷卻。

▲ **300m** 高的海嘯，襲擊了恐龍們。

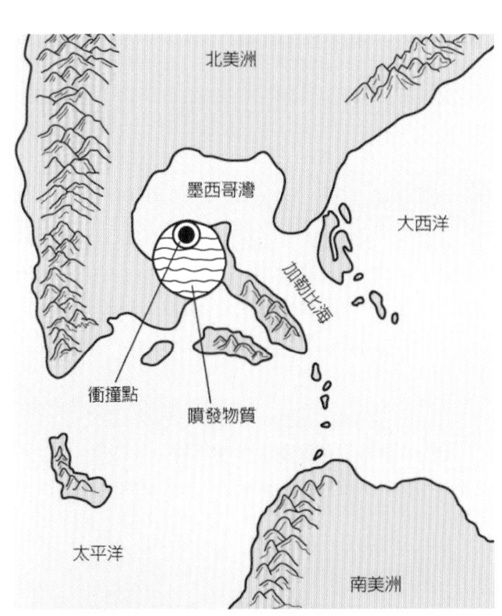

▲小行星衝撞時的猶加敦半島附近。也找到了海嘯發生過的痕跡。

可以親眼見到恐龍化石的日本博物館

MUKAWA 町立穗別博物館

http://www.town.mukawa.lg.jp/1908.htm

地址：北海道勇払郡むかわ町穗別 80-6

☎：0145-45-3141　開館時間：上午 9:30 ～下午 5:00

休館日：週一、例假日隔天、年底元旦（7、8 月無休）

主要展品：在穗別地區所發現、全長 8m 的長頸龍全身骨骼模型。海生巨蜥、滄龍化石等。

三笠市立博物館

http://www.city.mikasa.hokkaido.jp/museum/

地址：北海道三笠市幾春別錦町 1-212-1

☎：01267-6-7545　開館時間：上午 9：00 ～下午 5：00

休館日：週一（如遇例假日則隔天休館）、12 ～ 3 月為週一及例假日、年底元旦

主要展品：在三笠市所發現的大型肉食性爬蟲類——蝦夷三笠龍頭骨、在夕張市所發現的結節龍頭骨、異特龍以及蛇頸龍的全身骨骼等。

磐城市石煤炭・化石館「ほるる」

http://www.sekitankasekikan.or.jp/

地址：福島縣いわき市常磐湯本町向田 3-1

☎：0246-42-3155　開館時間：上午 9：00 ～下午 5：00

休館日：每月第三個週二（第三個週二為例假日時則隔天休館）、1 月 1 日

主要展品：在磐城市所發現的蛇頸龍、雙葉龍全身骨骼模型。恐龍化石方面則有馬門溪龍、艾伯塔龍、副櫛龍全身骨骼模型等。

博物館公園茨城縣自然博物館

https://www.nat.museum.ibk.ed.jp

地址：茨城縣阪東市大崎 700

☎：0297-38-2000　開館時間：上午 9：30 ～下午 5：00

休館日：週一（如遇例假日則為隔天休館）、年底元旦

主要展品：

諾爾龍、暴龍、包頭龍、賴氏龍、恐爪龍的全身骨骼。中生代白堊紀的立體透視模型。

神流町恐龍中心

http://www.dino-nakasato.org/

地址：群馬縣多野郡神流町大字神ヶ原 51-2

☎：0274-58-2829　開館時間：上午 9：00 ～下午 5：00

休館日：週一（如遇例假日則為隔天休館）

主要展品：迷惑龍、開角龍、禽龍等骨骼模型、迅猛龍與原角龍的戰鬥化石等。

群馬縣立自然史博物館

http://www.gmnh.pref.gunma.jp/

地址：群馬縣富岡市上黒岩 1674-1

☎：0274-60-1200

開館時間：上午 9：30 ～下午 5：00

休館日：週一（如遇例假日則為隔天休館）、年底元旦

主要展品：圓頂龍、馬門溪龍、腕龍全身骨骼。重現三角龍挖掘現場的立體透視模型、暴龍以及似雞龍的動態模型，各種恐龍蛋及牙齒等。

國立科學博物館

http://www.kahaku.go.jp/

地址：東京都台東区上野公園 7-20

☎：03-5777-8600　開館時間：上午 9：00 ～下午 5：00

休館日：週一（如遇例假日則為隔天休館）、年底元旦

主要展品：暴龍、劍龍、三角龍、慈母龍等眾多全身骨骼。

東海大學自然史博物館

http://www.sizen.muse-tokai.jp/

地址：静岡縣静岡市清水区三保 2389

☎：054-334-2385　開館時間：上午 9：00 ～下午 5：00

休館日：週二（如遇例假日則開館）、年底元旦

主要展品：劍龍、特暴龍、梁龍、原角龍、原巴克龍的全身骨骼、異特龍的頭骨、原角龍的蛋等。

福井縣立恐龍博物館

http://www.dinosaur.pref.fukui.jp/

地址：福井縣勝山市村岡町寺尾 51-11

☎ 0779-88-0001

開館時間：上午 9：00 ～下午 5：00

休館日：第二、第四個週三（如遇例假日則為隔天休館）、年底元旦、暑假無休

主要展品：主要是勝山市挖掘出的福井龍、福井盜龍的復原骨骼，還有馬門溪龍 暴龍等眾多恐龍化石。

豐橋市自然史博物館

http://www.toyohaku.gr.jp/sizensi/

地址：愛知縣豐橋市大岩町字大穴 1-238（豊橋総合動植物公園内）

☎：0532-41-4747　開館時間：上午 9：00 ～下午 4：30

休館日：週一（如遇例假日則為隔天休館）、年底元旦

主要展品：異特龍、劍龍、埃德蒙頓龍的骨骼模型等。

京都市青少年科學中心

http://www.edu.city.kyoto.jp/science/

地址：京都府京都市伏見区深草池ノ内町 13

☎：075-642-1601　開館時間：上午 9：00 ～下午 5：00

休館日：週四（如遇例假日則為隔天休館）、年底元旦

主要展品：會動的暴龍模型特暴龍、櫛龍的全身骨骼模型、異特龍頭骨及魚龍化石、草食性恐龍——原角龍的化石模型等。

大阪市立自然史博物館

http://www.mus-nh.city.osaka.jp/

地址：大阪府大阪市東住吉区長居公園 1-23

☎：06-6697-6221

開館時間：上午 9：00 ～下午 5：00（11 ～ 2 月則至下午 4:30）

休館日：週一（如遇例假日則為隔天休館）、年底元旦

主要展品：異特龍、劍龍、三角龍等骨骼及頭骨模型。魚龍——歌津魚龍以及翼龍、始祖鳥。

兵庫縣 人文自然博物館

http://www.hitohaku.jp/

地址：兵庫縣三田市弥生が丘 6 丁目

☎：079-559-2001　開館時間：上午 10：00 ～下午 5：00

休館日：週一（如遇例假日則為隔天休館）、年底元旦

主要展品：展示於兵庫縣挖掘出的丹波龍等最新挖掘成果。

北九州市立 生命之旅博物館

［自然史・歷史博物館］

http://www.kmnh.jp/

地址：福岡縣北九州市八幡東区東田 2 - 4 - 1

☎：093-681-1011　開館時間：上午 9：00 ～下午 5：00

休館日：年底元旦、每年 6 月下旬左右

主要展品：在福岡縣發現的肉食性恐龍——脇野龍等化石。圓頂龍、劍龍、原巴克龍、暴龍、厚頭龍、異特龍等多種恐龍化石及骨骼模型。

宮崎縣綜合博物館

http://www.miyazaki-archive.jp/museum/

地址：宮崎縣宮崎市神宮 2-4-4

☎：0985-24-2071　開館時間：上午 9：00 ～下午 5：00

休館日：週二（4/29 ～ 5/5 以及暑假期間開館）、例假日隔天（8/12、11/14、週六日及例假日除外）、年底元旦等

主要展品：暴龍、始盜龍、無齒翼龍、原角龍、魚龍、始祖鳥的全身骨骼、孔子鳥的全身骨骼（實體化石）。2011 年追加了美甲龍的全身骨骼。部分骨骼方面有三角龍的犄角實體化石、梁龍的肋骨實體化石、薩爾塔龍的上臂骨實體化石。2011 年度，又追加了 1/10 尺寸的暴龍、三角龍的立體透視模型。

索引

依筆畫順序排列本圖鑑中出現的恐龍及其他動物名稱。學名欄位為全世界共通的生物名稱，以拉丁文標記。其右側的項目是學者們發表該恐龍特徵等的年分以及該發表者人名。

名稱	學名	發表年分	發表者	頁數

十三劃

十四劃

【監修】
小林快次（北海道大學 綜合博物館 副教授）
【執筆協力】
ケン・カーペンター、デイビッド・エバンス（多倫多大學）、マイケル・ライアン（クリーブランド自然史博物館）
【協力】
田智佐子
【照片・插圖】
特別協力：アマナイメージズ
8-11,15,19,24,29,32,38-39,44-45,59-60,66,69,71,74-75,82-83,89-91,93,95-98,106,109,112,117-119,128,139,142-144,146,150,152-153,157-159,165,178,180-182,186-187,192,202,205,208,210-211,213-215, 封底裡
【照片】
朝日新聞社：150 ／神流町恐龍センター：165, 194, 204-205 ／熊本大學：100（甑島的牙齒、攝影：對比地孝亘）／群馬縣立自然史博物館：121 ／國立科學博物館：37（劍龍的板狀骨、攝影：林昭次）／日本經濟新聞社（攝影：風間久和）：122, 152 ／福井縣立恐龍博物館：22（*Mantellisaurus* 的全身骨骼）, 44（包頭龍的全身骨骼）, 51（腫頭龍的頭骨）, 82-83（福井龍的全身骨骼）, 100-101（福井龍、福井盜龍、*Nipponosaurus sachalinensis* 的全身骨骼）, 176（福井盜龍的全身骨骼）, 179（暴龍的全身骨骼）／宮下哲人：144 ／ Dalian Natural History Museum：54 ／ David Evans：93 ／ Denver Museum of Nature and Science：143 ／ Institute of Paleontology and Geology, Mongolia：193 ／ Kenneth Carpenter：45 ／ Mick Ellison：55 ／ Royal Saskatchewan Museum：179 ／ Royal Tyrrell Museum：140 ／ Terra Adéntro：160 ／ Terry Manning for the amazing preparation and Cindy Howells for the photography：190 ／ T.E.Williamson：178-179 ／ Utah Museum of Natural History：169

【插圖】
封面：Raúl Martín、柳澤秀紀
本文：加藤愛一：102-103,112-117,132-133,140-141,184-185,198
川崎悟司：封面裡,8-11,15,19,23,33,36,45,63,71,81,100-101,106-107,115,123-126,129-130,134-136,139-141,145,149,158,177,186-188,210-211,213／小堀文彦：10,14,18,40／西村桃：192,215／柳澤秀紀：13,14,16-18,20,23-25,27,29-36,38-43,46-49,51-52,56-63,68-70,74-75,79-81,83-84,87-88,92,94,96,98-99,109,118-123,143-147,153-154,157-165,169-172,174-177,181,194,196-197,200-203,206-208,212／A.Atuchins：164,188-189,196,201 Aflo：197,207／AnessPublishing：10,24,25,40,42-47,50,52-53,61-62,92-93,147,150-151,153,189,194,196,201,203 D.Bonadonna：50,88,99,156／Julius T.Csotonyi：18,26,56-57,72-73,85,172-173,183／©NHK：9,39,47,113,178-179,200／PPS：10,94-95,138-139,162-163,190-191,193／Rául Martín：1, 6-7,11-14,16-17,19-21,26-29 ,54-55,64-65,76-78,85-87,104-105,108-109,120-121,126-131,137,154-155,159,166-168,170-171,180-181,195,199,206／Royal OntarioMuseum：15,110-111,148-149

【本文 layout】
天野広和、市川望美、安達勝利、原口雅之（ダイアートプランニング）
【封面・扉頁設計】
城所潤＋関口新平（ジュン・キドコロ・デザイン）

【参考文獻】
《The Evolution and Extinction of the Dinosaurs (second edition)》（David E. Fastovsky and David B. Weishampel,Cambridge University Press,2005, 日本語版：真鍋真監訳《恐竜学》丸善 ,2006 年）
《The World Encyclopedia of Dinosaurs & Prehistoric Creatures》（Dougal Dixon,Lorenz Books, 2007, 2010）《世界恐竜発見史》（ダレン・ネイシュ著 , 伊藤恵夫日本語監修 , ネコ・パブリッシング ,2010 年 ）《Dinosaurs：A Field Guide》（Gregory S.Paul, A&C Black Publishers.Ltd）《Dinosaurs Eye to Eye》（Dorling & Kindersley Publishing）《National Geographic Dinosaurs》（Barrett, National Geographic Children's Books）《ホルツ博士の最新恐竜事典》（トーマス・R・ホルツ Jr. 著 , 小畠郁生監訳 , 朝倉書店 ,2010 年）《恐竜時代 I －起源から巨大化へ》（小林快次著 , 岩波ジュニア新書 ,2012 年）《恐竜は滅んでいない》（小林快次著 , 角川新書 ,2015 年）

國家圖書館出版品預行編目（CIP）資料

恐龍百科圖鑑 / 小林快次監修；張萍譯 .-- 初版 .--
台中市：晨星 ,2019.2
面； 公分 .--（自然百科 ; 3）
譯自 : 講談社の動く図鑑 MOVE 恐竜
ISBN 978-986-443-828-0（精裝）

1. 爬蟲類化石 2. 通俗作品

359.574 107021699

詳填晨星線上回函
50 元購書優惠券立即送
（限晨星網路書店使用）

恐龍百科圖鑑

講談社の動く図鑑 MOVE　恐竜

監修	小林快次
翻譯	張萍
主編	徐惠雅
執行主編	許裕苗
版面編排	許裕偉
創辦人	陳銘民
發行所	晨星出版有限公司 台中市 407 工業區三十路 1 號 TEL：04-23595820　FAX：04-23550581 E-mail：service@morningstar.com.tw http：//www.morningstar.com.tw 行政院新聞局局版台業字第 2500 號
法律顧問	陳思成律師
初版	西元 2019 年 2 月 23 日 西元 2023 年 8 月 26 日（二刷）
讀者專線	TEL：02-23672044 / 04-23595819#212 FAX：02-23635741 / 04-23595493 E-mail：service@morningstar.com.tw
網路書店	http : //www.morningstar.com.tw
郵政劃撥	15060393（知己圖書股份有限公司）
印刷	上好印刷股份有限公司

定價 999 元

ISBN 978-986-443-828-0（精裝）

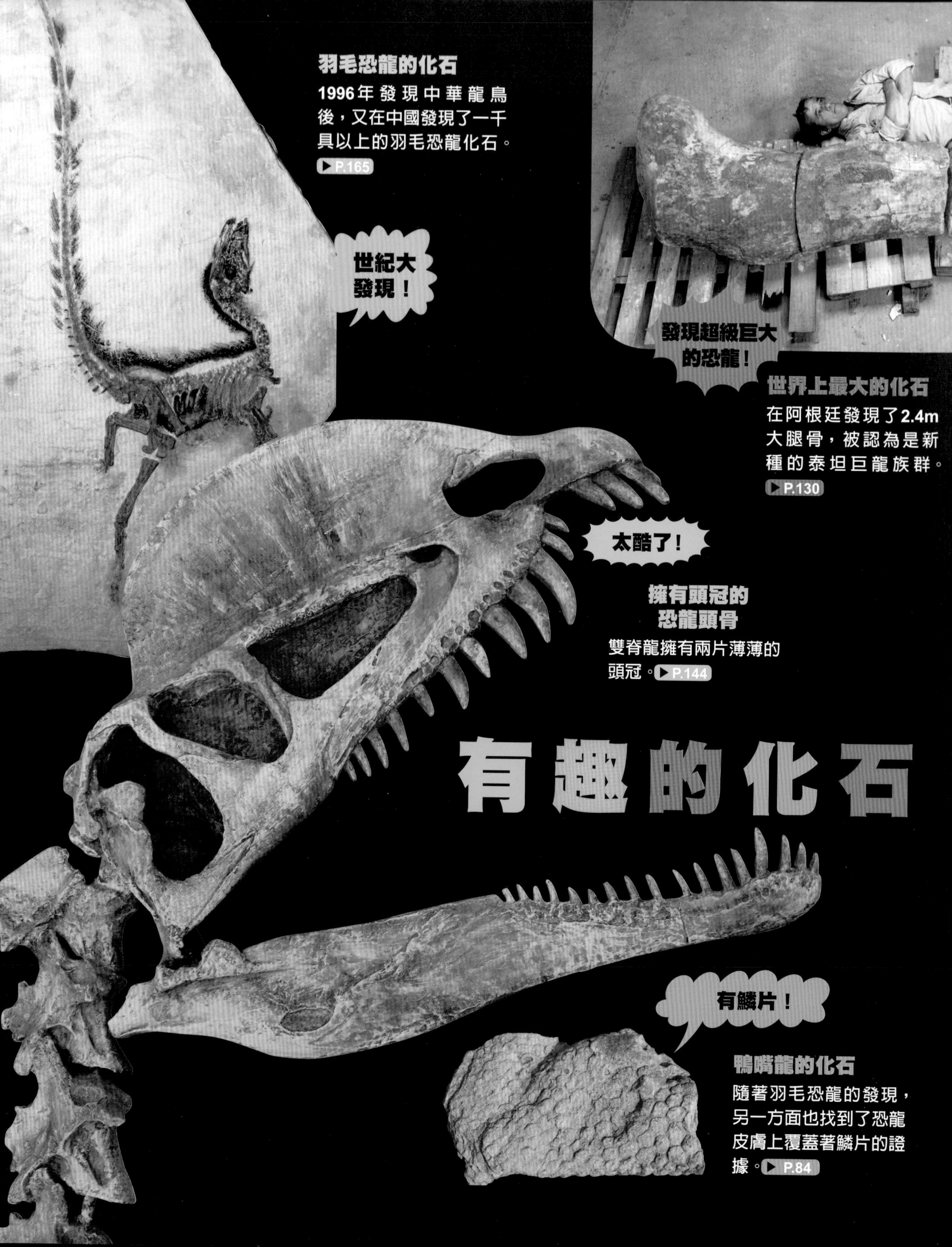
羽毛恐龍的化石
1996年發現中華龍鳥後，又在中國發現了一千具以上的羽毛恐龍化石。
P.165
世紀大發現！
發現超級巨大的恐龍！
世界上最大的化石
在阿根廷發現了2.4m大腿骨，被認為是新種的泰坦巨龍族群。
P.130
太酷了！
擁有頭冠的恐龍頭骨
雙脊龍擁有兩片薄薄的頭冠。P.144
有趣的化石
有鱗片！
鴨嘴龍的化石
隨著羽毛恐龍的發現，另一方面也找到了恐龍皮膚上覆蓋著鱗片的證據。P.84